全程机械化技术读本

周海鹏　刘　涛　庄顺龙 / 主编

中国海洋大学出版社

· 青岛 ·

图书在版编目（CIP）数据

全程机械化技术读本 / 周海鹏，刘涛，庄顺龙主编 .
—青岛：中国海洋大学出版社，2019.6
ISBN 978-7-5670-2422-9

Ⅰ. ①全… Ⅱ. ①周… ②刘… ③庄… Ⅲ. ①农业机
械化 Ⅳ. ① S23

中国版本图书馆 CIP 数据核字（2019）第 222678 号

出版发行	中国海洋大学出版社
社　　址	青岛市香港东路 23 号　　**邮政编码**　266071
出 版 人	杨立敏
网　　址	http://pub.ouc.edu.cn
电子信箱	zwz_qingdao@sina.com
责任编辑	邹伟真　　　　　　**电　　话**　0532-85902533
印　　制	日照报业印刷有限公司
版　　次	2019 年 11 月第 1 版
印　　次	2019 年 11 月第 1 次印刷
成品尺寸	170 mm × 230 mm
印　　张	6.75
字　　数	97 千
印　　数	1~2600
定　　价	55.00 元
订购电话	0532-82032573

发现印装质量问题，请致电 0633-8221365，由印刷厂负责调换。

编 委 会

序

    全程机械化推进行动是现代农业建设的助推剂，是降低农业生产成本的有效手段，也是提升我国主要农产品市场竞争力的关键举措。要推进主要农作物的全程机械化，就需分门别类，针对每种作物的特点和实际机械化水平，找短板，有重点，出措施，实现精准发力。为适应这一需要，有必要撰写这样的全程机械化技术读本，它面对的读者主要是工作在农业生产第一线的农民朋友、机械操作者和技术人员，也可供广大农机工作管理人员及大专院校师生学习阅读。

    周海鹏、刘涛等编著的这本教材，适应了农机农艺相融合的新要求，选择了青岛市及山东省4种主要的农作物小麦、玉米、马铃薯和花生，论述了这4类农作物在山东省及省外部分区域的基本种植模式及生产全过程中需配套的机具、使用操作方法、简单的故障维修和注意事项。该教材以强化普及基本技术为主，使农机化理论和基础知识深入浅出，符合当前农村和农机人员素养现状。作为当前和今后一段时期的农作物全程机械化学习教材，希望本书能对推进全程机械化建设起到一定作用。

青岛农业大学

2019 年 1 月

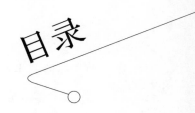

目录

第一章　机械化耕整地技术

第二章　马铃薯生产全程机械化技术

第四章　小麦全程机械化生产技术

第五章　玉米全程机械化生产技术

第一章

机械化耕整地技术

第一节　机械化耕整地的意义

机械化耕整地技术作为最基本、最重要的农田作业机械化技术之一，具体是指通过农机具的机械力作用于土壤，进行翻土、松土、杂草掩埋、施肥，对土壤表层进行松碎、平整、起垄、开沟、镇压等作业过程。通过耕整地，可以疏通土壤、平整地面、加深耕层、覆盖杂草与残茬、减少病虫害，调节土壤水、肥、气、热的关系，为作物播种、出苗和生长发育提供适宜的土壤环境。

机械化耕整地技术可降低劳动强度，提高工作效率和作业质量，对促进农业增效、农民增收，实现高产稳产，保证粮食生产安全具有重要的意义。

机械化耕整地的主要作用如下。

（1）疏松耕层。在农作物生产过程中，由于人畜践踏、机具碾压、降水灌溉以及土壤本身特性的变化，不可避免地造成土壤的板结，降低了透水透气性，阻碍了作物根系下扎和生长。通过机械化耕整地，可以改善土壤的理化性质，增加蓄水、保水和保肥、供肥的能力，促进农作物生育。

（2）加深耕层。通过机械化耕整地将耕层土壤上下翻转改善耕层的物理化学和生物状况，进行晒垡、冻垡、熟化土壤。通过耕翻将地面上的作物残茎、秸秆落叶及一些杂草和施用的有机肥料一起翻埋到耕层内与土壤混拌，经过微生物的分解形成腐殖质，腐殖质既能增加土壤中的团粒结构，又能提高土壤肥力。

（3）平整地面。翻耕后的地表不可避免地出现部分区域起伏不一的现象，影响机械化种植。机械化耕整地可将高低不平的地面整理平坦，为作物机械化播种、定植、灌溉、收获创造良好的条件。

（4）压实保墒。机械化耕整地可将土壤表层压实，减少非毛管孔隙，防止土壤空气过分流通，避免水分蒸发；而下层土壤水分则可通过毛管孔隙向上运动，起到保墒和引墒作用。在干旱地区或干旱季节镇压土壤是十分重要的。经过镇压，能使种子与土壤密接，有利于种子发芽出土。

（5）开沟培垄。土温较低时，开沟培垄不仅增加了土壤与大气的接触面，而且增加了太阳照射面积，提高了地温；雨水较多时，起垄开沟还有利于排水透气，尤其有利于根茎的生长和防止植株的倒伏；风力较大时，也可防止土壤风蚀。

第二节 机械化耕整地技术的主要内容

耕整地技术由耕作和整地两大部分组成。耕作是传统农耕的一项重要措施，有利于疏松土壤，恢复土壤团粒结构，积蓄水分、养分，覆盖杂草，防除病虫害。整地是耕地作业后，耕层内留有较大土块或空隙，地表不平整不利于播种或苗床状况不好时，采取的破碎土块、平整地表，进一步松土、混合土肥，改善播种和种子发芽条件的耕作措施。

2.1 机械化耕整地技术

机械化耕整地技术主要包括机械化深翻技术、机械化少耕免耕技术（保护性耕作）和机械化深松技术。

2.1.1 机械化深翻技术

机械化深翻技术指首先使用铧式犁将上下图层翻转，然后配合圆盘耙或钉齿耙将较大垡进行细碎化处理和地表平整化处理，最后再配合镇压器进行土壤表层压实处理。一般情况下，机械化深翻使用带小铧的复式犁进行深翻，小铧将接垡处的表层土壤翻到沟底，主犁体再将土垡覆盖其上，以翻转疏松耕层为主体，使农田形成地面平整耕层疏松的土壤状态。

机械化深翻技术优点是可改善土壤的理化性状，加厚活土层，提高土壤通透性和蓄水保墒能力及肥力，有利于根系生长，扩大养分、水分吸收范围；还可以将土壤的上下层进行交换，使土壤微气候、深层养分以及下层的有效水分互相调节，互相补充；也可将藏于土壤中的害虫及病菌翻到地表使其受冻或受热而死，达到消除病虫害的目的。机械化深翻技术的弊端：必须与其机具进行搭配使用，进行多次土壤表层处理，才能满足播种要求，其过程较为复杂，消耗动力大。同时，在干旱多风季节，还会造成严重的风蚀和水土流失。谨记土壤深松翻不宜太频繁，否则有损有机质的积累和土壤保墒，一般大田种植以 2~3 年深翻一次最好。

图 1-1　深耕机具　　　　　　　图 1-2　旋耕整地机具

2.1.2 机械化少耕免耕技术

机械化少耕免耕技术（保护性耕作技术）是对农田实行免耕、少耕，尽可能减少土壤耕作，并用作物秸秆、残茬覆盖地表，减少土壤风蚀、水蚀，提高土壤肥力和抗旱能力的一项农业耕作技术。该技术可通过根系空隙和土壤动物活动，使土壤保持疏松的自然结构。通过使用高效除草剂可控制各类杂草的危害。该技术的缺点是需使用大量的除草剂和农药，环境污染严重；

同时，作物秸秆、残茬也会影响土壤的受光、通风、透气，不利种子萌发。

2.1.3 机械化深松技术

机械化深松技术是指在耕层较浅的地块，用深松犁疏松土壤，不翻动土壤，打破犁底层，使雨水下渗，增加土壤蓄水保墒能力的耕整地技术。机械化深松技术包括局部深松技术和全面深松技术。

局部深松技术是使用双翼铲、凿型铲实现松土、不松土相间隔的局部深松耕整地技术，其目的在于创造出虚实结合，实部提墒，虚部蓄水的耕层结构，改善土壤结构，提高保墒水平。

全面深松技术是使用深松犁进行全面松土，其耕整地效果介于机械化深翻和局部深松之间，能对耕层较浅的土壤进行改造，深松深度一般为25~30cm。深松整地间隔年限与土壤质地、耕作制度等息息相关，因此，需根据各地区的土壤条件制定全面深松整地间隔年限。

图1-3　深松机具　　　　　　　　　图1-4　联合整地机具

总之，机械化耕整地技术不仅要保证土壤容重能够满足作物生长的需要，而且要保证地面环境不影响播种质量。机械化耕整地应遵守降低能源消耗、防治机动车过度碾压耕地的原则，依据耕地的墒情、茬口、降水、地温、栽培农艺等采取适当的机械化耕整地技术。机械化耕整地作业时，应在土壤适耕期内，土壤含水量18%~30%时为宜；其耕作深度符合农艺要求，一般在20~30cm；作业质量保证耕深稳定性变异系数≤15%，地表平整度5cm，碎

土率≥75%，邻接作业幅重叠宽度合格率≥80%。

2.2 机械化耕整地机具的种类与特点

机械化耕整地机具主要包括铧式犁、圆盘犁、旋耕机、联合整地机、深松机、耕耘机、圆盘耙、动力耙等装备。其中联合整地机是与大中型拖拉机配套的复式作业机械，由犁、耙、深松机、耕刨机、旋耕机、镇压器等机具中的两种或两种以上组成，可一次性完成灭茬、旋耕、深松、起垄、镇压等多项作业，具有作业效率高的特点。联合整地机按照结构组成的不同可以分为耕耙犁联合作业机、深松联合作业机等。

耕耙犁联合作业机主要包括铧式犁，驱动耙组，传动机构等关键装置。耕耙犁联合作业机工作时，首先通过铧式犁将土层翻转再通过驱动耙组将犁壁翻转的土垡切碎抛入犁沟内，从而一次性完成耕翻、耙碎、合墒等作业工序。耕整之后，土壤平整、细碎，覆盖严密，减少了压田次数，提升了土壤的蓄水保墒能力，抢占了农时，减少了作业次数，实现了耕耙的有机结合，适应了农艺要求，降低了耗油和作业费，提高了生产效率。

深松联合作业机可分为以深松机为主体搭配旋耕机的重型联合整地机和以旋耕机为主体搭配深松铲的轻型联合整地机两种。深松联合耕整机主要适应于我国北方干旱、半干旱地区，以深松为主，兼顾表土松碎、松耙结合，既可深松破除犁底层，又可用于形成上松下实的熟地全面深松作业。

机械化耕整地机具应满足如下耕整地要求：耕翻适时，在土壤干湿适宜的农时期限内适时作业；翻盖严密，要求耕后地面杂草，肥料，残茬充分埋入土壤底层；翻垡良好，无立垡，回垡，耕后土层蓬松；深耕一致，地表、地沟平整；耕层土壤具有松软的表土层和适宜的紧密度；不漏耕、不重耕，地头要平整，垄沟要少而小，无剩边剩角。

第三节　机械化耕整地技术现状

我国机械化耕整地技术经过数十年的发展，已经相对成熟，主要呈现中小型机具占主流、大中型联合耕整机快速推广、保护性耕作机具和深松机具兴起的现状。

3.1 中小型机具仍占主流

我国人均耕地较少，其耕地存在条块分割的现象，一家一户小规模经营，种植形式多样，土地特点各异，而且我国山区（包括丘陵和高原）面积约为663.6万平方千米，占全国国土总面积的69.1%。我国的耕地现状和种植结构决定了中小型作业机具仍然最适宜当前的农业生产。截至2017年底，我国农业机械总动力为98783.3万千瓦，拖拉机保有量为2304.3万台，其中小型拖拉机为1634.2万台；拖拉机配套农具4001.4万台，其中小型拖拉机配套农具为2931.4万部。由于中小型耕整机具在我国已形成产业化，具有作业质量好、生产效率高、能耗低、可靠性高的特点，从而得到广泛的推广。因此，中小型耕整地作业机具占据了我国耕整机具的主流。

3.2 大中型联合耕整机快速推广

随着农业生产规模的扩大、农民经济实力的增强和动力功率的提高，尤其是国家实施了农机购置补贴政策，并倡导土地流转，适度规模化种植，与之配套的大中型联合耕整机快速推广。大中型联合耕整机因具有抢农时、省能耗、减少机具对土壤压实、提高机组作业效率等优点，得到了较快的发展，是农机发展的趋势，保有量增长速度明显高于小型拖拉机及其配套机具，动力机械结构得到显著优化。

3.3 保护性耕作机具和深松机具的兴起

近年来，国家大力推广保护性耕作技术，与保护性耕作模式相适应的深松机具、表土少耕机具、免耕播种机等技术与装备将更加成熟。尤其在北方的干旱半干旱地区，在政府推动和市场需求的双重因素作用下，保护性耕作成为农机技术推广部门首推的技术，保护性耕作面积逐年增加，相关配套机具的需求进一步增加。

保护耕整机具中秸秆粉碎、根茬还田机成为近年来推广最快的产品。以锤爪和甩刀为主要部件的秸秆粉碎还田机在北方旱作区广泛应用，产品向宽幅和联合作业方向发展。

深松具有打破土壤犁底层，提高土壤蓄水、保墒、抗旱能力的效果，全方位深松、间隔深松、全层深松、浅深松、振动深松等多种深松技术装备，均有成熟产品。

第四节　机械化耕整地技术的发展趋势

4.1 加快部件自动化、智能化技术的研发

随着现代化工业和信息化产业的发展及新材料的出现，越来越多的高新科技应用于耕整地领域。而我国机械化耕整地机具对液压技术、传感器技术、自动控制技术、智能化技术应用较少，因此，具有巨大的发展潜力。

4.2 实现零部件的标准化、通用化

目前，我国耕整地机具种类繁多，产品兼容性差，通用度低，重复度高，

加工成本高，维修难度大，资源浪费严重。随着我国农业机械行业竞争压力的增大，逐渐出现了农机企业间的破产、兼并、重组，日益注重零部件的标准化、通用化设计，形成可通过搭配不同的标准化工作部件组装成适应不同配套动力、耕深、耕幅的系列化产品，以供用户自由选用，进而降低生产和维护成本，增加竞争力。

4.3 加快大型化、联合化的发展

大型机械化耕整地机具作业具有土壤细碎化效果好、覆盖严密、提升蓄水保墒能力、抢占农时、减少作业次数、适应农艺要求、降低耗油和作业费、提高生产效率的优势。

随着农村劳动力的减少、土地流转的完善，经营规模逐渐增大，迫切需求与大马力拖拉机相配套的耕整地机具，迫使机械化耕整地技术向宽幅大型化和高效联合化方向发展。

机械系统
动力学建模与控制

第一章

第一节　概述

1.1 马铃薯种植现状

马铃薯作为重要的根茎类作物，与小麦、玉米、稻谷和高粱并称世界五大作物，其营养价值高、产业链长，适应力强，分布广，是全球第三大农业经济作物。2015 年，我国制定了"马铃薯主粮化"战略政策，鼓励将马铃薯加工成面粉并制作成馒头、面条等主食，完成从经济作物到粮食作物的转型，成为继水稻、玉米、小麦之后的第四大主粮作物。2016 年，农业部发布了《关于推进马铃薯开发的指导意见》，正式将马铃薯定义为主粮产品并进行产业化开发，刺激了我国马铃薯产业结构体系的优化升级以及马铃薯产业链的发展。

在我国，马铃薯的种植面积一直居于世界前列，生产及加工市场前景广阔并逐步形成标准化、规模化、专业化的马铃薯产业体系，种植马铃薯已成为农民的主要创收手段之一。据农业部统计，2017 年中国马铃薯种植面积为 717 万公顷，总产量 1.34 亿吨，居世界首位，其单产量为 1868.9kg/ 公顷，是我国仅次于水稻、玉米、小麦之后的第四大主粮作物，主要分布于山西、陕西、新疆、黑龙江、内蒙古、宁夏、云南、贵州、青海、吉林等地区。

1.2 马铃薯机械化现状

随着"马铃薯主粮化"战略的实施，马铃薯种植规模和播种面积不断增长并保持在较高水平。同时，由于我国城乡一体化的进程不断加快。在马铃薯生产过程中，人工劳动力和作业效率早已不能满足马铃薯生产作业的需求。因此，马铃薯生产全程机械化已成为必然趋势。

20世纪初期，国外已经开始对马铃薯全程机械化进行相关研究，发展至今，其技术已达到国际领先水平。以美国、德国为代表的高度集约化的国家，已实现马铃薯的规模化种植及大型联合收获作业，其产业化程度较高；而以意大利、日本、韩国为代表的少数国家因其地形地势的原因导致马铃薯的种植地块较小且分散。因此，发展出了适宜中小种植规模的马铃薯全程机械化解决方案。

我国从20世纪60年代开始进行马铃薯生产全程机械化技术研究，起步较晚。目前为止，我国马铃薯生产全程机械化技术向两个方向发展，一是适宜以内蒙、黑龙江等地区为代表的规模化种植模式的大中型机械化装备；二是适宜以云南、贵州等地区为代表的山区、丘陵地带分散化种植模式的中小型机械化装备。2017年，我国的马铃薯机耕、机播、机收率分别为63.7%、25.98%、24.7%，其综合机械化水平仅为37%，与主要粮食作物机械化水平相比仍有较大差距，尚需进一步提升花生生产全程机械化技术。

第二节　马铃薯生产全程机械化技术方案

2.1 马铃薯生产全程机械化关键技术

马铃薯生产全程机械化技术，包括播种前的机械化深耕、深松技术；撒播农家肥，精细化旋耕整地技术；集筑垄、施肥、播种、覆土、喷药、施水、展膜、压膜、膜上覆土九道工序于一体的马铃薯机械化播种技术；根据不同地区的种植模式可分为单垄单行机械化播种和单垄双行机械化播种技术；机械化田间管理技术，病虫草害防治与化控技术，节水灌溉与排涝技术，中耕、施肥、除草与培土等环节的关键技术；马铃薯收获之前的机械化杀秧技术；马铃薯机械化收获技术根据收获方式划分为集成挖掘、输送、清选、集果四道作业工序的联合式机械化收获技术和挖掘、抖土、铺放＋人工捡拾的两段式机械化收获技术；切片加工或面粉加工等机械化深加工技术等。

2.2 马铃薯生产全程机械化技术路线图

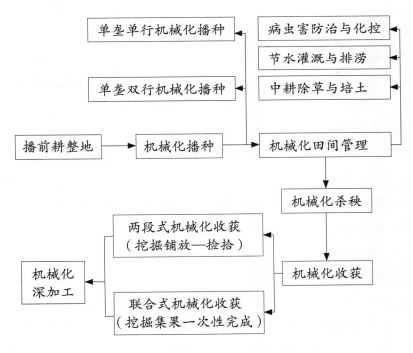

图 2-1　马铃薯生产全程机械化技术路线图

第三节　马铃薯生产全程机械化技术

3.1 马铃薯机械化耕整技术

马铃薯忌重茬，忌与茄科作物轮作，应实行 3 年以上轮作倒茬制，即马铃薯→玉米→谷子→马铃薯、马铃薯→谷子→豆类→马铃薯、马铃薯→玉米→高粱→马铃薯、马铃薯→谷子→胡麻→马铃薯，以玉米、谷子前茬最好，高粱、大豆茬较好，胡麻茬较差。马铃薯种植地块应选择地势平坦、土壤肥沃、排灌方便、耕作层深厚、土质疏松的沙壤土，且地块面积较大、集中连片利于机械操作的地块。前茬作物（非茄科）收获后应及时灭茬、耕翻，早春解冻后耙糖、镇压，或春季联合整地机深松浅旋作业，达到耕层细碎无土块、地面平整无根茬，墒情良好的要求。

3.1.1 犁耕技术

犁耕要求耕深一致、不漏耕、不重耕，地头地边处理合理、翻垡良好，无立垡、回垡，翻盖严密，地面杂草、肥料、残茬充分埋入土壤低层。耕深 22~26cm。应尽量选用铧式犁、深松犁等机械深耕深松，深松时，每 3 年深松 1 次，耕深达到 28~32cm，以打破犁底层为原则，促使深层生土熟化，透气性增强，为马铃薯的根系发育和薯块生长创造良好条件。土壤含水量为 18%~22% 的耕地具有最好的宜耕性。

3.1.2 旋耕技术

旋耕要求土块细碎均匀，无碎石、杂草，无沟无垄。土块直径 ≤ 4cm，碎土率 ≥ 80%，耕深 15~18cm。土壤含水量在 18%~22% 的宜耕性较好。该环节可配施腐熟农家肥或有机肥。

图 2-2　深耕作业　　　　　　　　　图 2-3　旋耕整地作业

3.2 马铃薯机械化播种技术

3.2.1 马铃薯种植模式

我国马铃薯种植分布广、面积大，结合其种植特点，将马铃薯种植区域划分为东北、黄淮海、长江中下游、西北、西南、华南6个产区。目前，马铃薯机械化种植模式可分为半膜覆土栽培模式、单垄单行种植模式、单垄双行种植模式、两垄四行种植模式、全膜双垄沟种植模

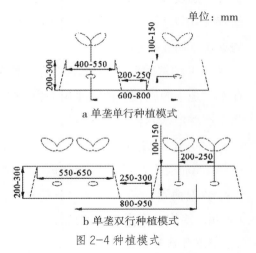

单位：mm

a 单垄单行种植模式

b 单垄双行种植模式

图 2-4 种植模式

式和垄作不覆膜种植模式，其中单垄单行种植模式、单垄双行种植模式、两垄四行种植模式的种植范围较广泛。

3.2.2 马铃薯播前准备

1. 配方施肥

马铃薯应多施有机肥，增施钾肥。有机肥在春耕时施入，每公顷施入优质农家肥37500~45000kg；根据测土结果进行配方施肥，基肥一般每公顷施入尿素300kg、磷二铵375kg、硫酸钾300kg（纯氮195~225kg、P_2O_5 120~135kg、K_2O 105~120kg），化肥在播种时施入，禁止施用含氯的化肥，追肥结合灌头水每公顷施入尿素 150kg。

2. 种薯处理

马铃薯种薯处理分为种薯选择、种薯催芽、种薯晾晒和种薯切块四步。

（1）种薯选择。应选用适应当地生态条件，高产稳产，且经审定准予生产加工（薯条、薯片、菜用、淀粉及加工）及市场前景好的优质和抗逆性强的马铃薯优质品种。

（2）种薯催芽。播前 20~25 天进行晒种催芽，目的是培养短壮节间芽、提前出苗，实现早结薯、多结薯。催芽可在室内或室外进行，要求通风条件良好，温度以 15℃~20℃ 为宜，最多堆放 3 层，一周翻动一次，注意不要碰伤芽。10 天后可生长出 0.5~0.7cm 长的粗壮芽，注意及时扒出出芽 1~2cm 的薯块，防止损伤。

（3）种薯晾晒。种薯切块前将种薯平摊在土质场上，晒种 2~3 天，忌在水泥地上晾晒，晒种期间剔除病、烂、伤薯，以减轻田间缺苗，保证全苗，为丰产奠定基础。

（4）种薯切块。待芽变为紫色时，将选好的种薯进行切块，每块种薯在 30~50g 大小，留 2~3 个芽眼，并用 0.1%~0.2% 高锰酸钾或 40% 甲醛液进行切刀消毒。切块用草木灰拌种或用稀土旱地宝每 30ml 兑水 50 kg 浸种 10min，捞出后沥干水分待播种。

3.2.3 马铃薯播种农艺

1. 播种时机

马铃薯利用块茎无性繁殖时，种薯在土温 5℃~8℃ 的条件下即可萌发生长，最适温度为 15℃~20℃。适于植株茎叶生长和开花的气温为 16℃~22℃。夜间最适于块茎形成的气温为 10℃~13℃（土温 16℃~18℃），高于 20℃ 时则形成缓慢。出土和幼苗期在气温降至 2℃ 即遭冻害。

由于各地区的气候差异，其种植马铃薯的时机也不尽相同，最佳时间大致可以分为三种。

（1）北方和西北一季作区，适宜 4 月中下旬至 5 月初播种马铃薯，如东北、甘肃、青海等。

（2）中原以及中南二季作区，中原地区适宜2、3月份种植春马铃薯，8月份种植秋马铃薯，如山东、河北海等；中南地区适宜1~2月份种植春季马铃薯，9月份种植秋季马铃薯，如江苏、浙江等。

（3）南方冬季作区，利用秋季水稻收获后空隙种植一季马铃薯，一般为10月中下旬至11月份播种，如广东、广西、海南、云南、贵州等地。

2. 播种要求

马铃薯以露地种植为主，其机械化种植模式可分为半膜覆土栽培模式、单垄单行种植模式、单垄双行种植模式、两垄四行种植模式、全膜双垄沟种植模式和垄作不覆膜种植模式，不同的品种和种植模式，具有不同的播种要求。一般而言，播种完成后，垄底宽65~90cm，垄面宽30~50cm，垄高18~23cm，垄间距30~40cm，播深10~15cm，每垄1~2行，行距23~25cm，株距10~33cm。保苗6000~82500株/公顷，用种量2700~3750kg/公顷。播种量要满足当地农艺技术要求，不重播、不漏播和不损伤种薯。播种深度符合要求，深浅一致，覆土均匀严实。垄高、垄宽、行距和株距要均匀一致，播行直、少拐弯。播幅内和行距偏差≤1cm，邻接行距偏差≤5cm，株距合格率≥80%，播种深度合格率≥75%，种薯破碎率≤2.0%，行距合格率≥90%，空穴率≤3%；起垄高度、宽度合格率≥80%，误差为2~3cm。

3.2.4 马铃薯播种机具

马铃薯机械化播种机具，一般选择使用与四轮拖拉机配套的马铃薯播种机。目前，马铃薯机械化播种技术基本成熟，能够满足不同地区和不同种植模式的需求。现有的马铃薯机械化技术，最多可一次全部完成旋耕、开沟、施肥、起垄、播种、覆土、喷药、施水、覆膜、膜上覆土等全部作业工序。马铃薯播种机按照自动化程度可分为：全自动和半自动播种机；按照排种器结构形式可分为勺链式和幅板穴碗式两种。目前，使用效果最好、推广范围最广的马铃薯播种机为单垄单行、单垄双行、双垄四行马铃薯播种机，如下图所示：

图 2-5 单垄单行马铃薯播种机　　　图 2-6 单垄双行马铃薯播种机

图 2-7 双垄四行马铃薯播种机

3.3 花生机械化田间管理技术

3.3.1 病虫草害防治与化控技术

1.病虫草害防治

对于病虫草害防治，应针对马铃薯病虫草害的发生危害特点，按照"预防为主、综合防治"的植保方针，定期观察花生的长势及虫害情况，选择适宜的药剂和施药时机。马铃薯常见的病虫草害主要包括早疫病、枯萎病、疮痂病、环腐病、晚疫病等，根据其表现症状，确定防治措施。对于桃蚜和其他蚜虫，利用其天敌是有效的生物防治手段，如瓢虫科的甲虫和食蚜虫的黄蜂。药剂防治应注意尽量避免杀伤天敌（例如可用50%抗蚜威可湿性粉剂1000~2000倍液、20%氰戊菊醋乳油2000倍液、40%乐果乳油1000倍液进行叶面喷施）。根据马铃薯患病情况"对症下药"，确定配方和用量，避免过量用药产生药害，或欠量用药效果不好。

2. 化控调节

适时观察花前有无徒长现象，如有徒长现象需用多效唑进行化控；在马铃薯膨大期使用马铃薯膨大素进行叶面喷雾。

植保机具的选择，应根据马铃薯的种植地形、种植地块的大小和种植的模式，采用背负式喷雾机、机动式打药机、无人植保机等机具。使用植保机具进行喷药时，应喷雾均匀，其喷药时间最好选择在雨后、傍晚、无风或微风时进行。此外，机械化植保作业应符合喷雾机（器）作业质量、喷雾器安全施药技术规范等方面的要求。

图2-8　背负式喷雾机

图2-9　机动式打药机

图2-10　无人植保机

3.3.2 节水灌溉与排涝技术

根据马铃薯的不同种植模式，应选择不同的节水灌溉技术，若有水源条件，推荐使用滴管技术。在马铃薯发棵期、开花期、膨大期、淀粉积累期各浇水1次，若使用大水漫灌方式浇水，应做到灌水不漫垄；若使用滴管技术，中期灌溉可以通过滴灌带追加液态可溶肥和农药，进行病虫草害防治防治和化控。马铃薯全生育期灌水量控制在 240m³ 以内，若灌水量太少，则马铃薯生长缓慢；若灌水量过多，易造成茎蔓疯长，影响膨果。

马铃薯生育期间若干旱无雨，则应及时灌溉；若雨水较多、田间积水，则应及时排水防涝以免烂果，确保产量和质量。

图 2-11　垄间漫灌技术　　　　　图 2-12　膜下滴灌技术

图 2-13　悬臂喷灌技术

3.3.3 中耕施肥、除草与培土技术

马铃薯全生育期内应配合追肥和除草进行三次中耕。培土时间分别为幼苗高 7~10cm 时应及时中耕，苗高 13~17cm 时进行第二次中耕，封垄时进行第三次中耕。三次中耕可有效地实现化肥追施、杂草防除、培土固长，确保丰收。

中耕机按照结构形式可分为通用中耕机、后悬挂行间中耕机和旋转锄，

图 2-14　通用微耕机　　　　图 2-15　多垄中耕除草、施肥、培土机

其中通用中耕机和后悬挂行间中耕机
使用最为广泛，可一次性完成松土、
起垄、整形、施肥等功能，适用于较
松土地上的起垄工作，可形成整齐规
律的垄型，适用于各种土地条件进行
高培土作业。

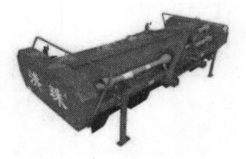

3.4 马铃薯机械化杀秧技术

图 2-16　马铃薯杀秧机

马铃薯机械化杀秧的目的，一是
促进薯皮变硬、变厚、老化，减少收获时的破损；二是防止收获时薯秧缠绕
在振动筛上。通常在收获前 10 天左右，使用马铃薯割秧机祛除马铃薯秧蔓。
马铃薯机械化杀秧的原理是高速旋转的甩刀产生负压，对垄底的秧苗吸气，
高速运转的刀片将其粉碎。马铃薯杀秧机分长刀和短刀两种，长刀粉碎垄沟
内的秧苗和杂草，短刀粉碎垄面上的秧苗，其留茬不高于 5cm，以保证马铃
薯收获机械通过。

3.5 马铃薯机械化收获技术

马铃薯地上的茎叶由绿变黄，叶片脱落，茎枯萎，地下块茎停止生长，
并易与薯秧分离，这时的产量达到最高峰，应及时进行收获。对还未成熟的
晚熟品种，在霜冻来临之前，应采取药剂杀秧、轧秧、割秧等办法提前催熟，
及早收获，以免遭受霜造成损失。当大田 50% 左右的马铃薯植株茎叶变黄后，

应选择晴天并当土壤含水率达 22% 以下即可机械收获（一般为杀秧后 10 天左右收获），田间晾干后剔除病、烂、虫蛀、畸形薯等，分级包装。

目前，马铃薯机械化收获分为两段式机械化收获和联合式机械化收获两种收获模式，根据不同的种植模式、种植区域、地块大小、土壤墒情、经济情况等因素选择合适的机械化收获方式。

3.5.1 马铃薯两段式机械化收获技术

马铃薯两段式机械化收获技术，首先通过铲链式马铃薯收获机进行挖掘、振动松土、抖土、铺放等作业环节，再由人工进行捡拾、分拣、打包处理等工作。

图 2-17　马铃薯铲链式收获机

铲链式马铃薯收获机是我国应用最为广泛的马铃薯收获机，一般适用于中小型种植规模。根据铲链式马铃薯收获机的筛选链条的结构形式可分为单升运链式、二级输送链式、圆棍输送式和 S 输送链式，其中 S 输送链式使用效果最好，具有作业效率高、清选效果好、损伤率低的优点。铲链式马铃薯收获机的挖掘深度应为 20~25cm，做到挖掘彻底、干净，减少薯块二次覆盖。

3.5.2 马铃薯联合式机械化收获技术

马铃薯联合式机械化收获技术指一次性完成挖掘、抖土、分离、集装全部马铃薯收获作业工序。该收获方式减少了人工捡拾环节，提高了作业效率，节省了劳动力，抢占了农时，无论在沙土、沙壤土、中黏土等不同土质条件下都能发挥优良的性能，具有去皮率低，分离性好，适应性强的优点。由于

图 2-18　马铃薯联合收获机

马铃薯联合式收获机的体积较大，仅适用于规模化种植区域，在东北、内蒙古、新疆等地具有较好的推广效果。

3.6 马铃薯机械化深加工技术

为了提高马铃薯的附加值，需对马铃薯进行深加工处理。马铃薯机械化深加工之前，需要先通过机械化分级清选装置进行分级处理。根据马铃薯的用途可将马铃薯的机械化深加工分为马铃薯制面式初级深加工和马铃薯制片、条式初级深加工。

图 2-19　马铃薯分级清选机

第四节　小结

马铃薯生产全程机械化技术包括播种前的机械化深耕、深松技术；撒播农家肥，精细化旋耕整地技术；集筑垄、施肥、播种、覆土、喷药、施水、展膜、压膜、膜上覆土九道工序于一体的马铃薯机械化播种技术；马铃薯机械化田间管理技术；病虫草害防治与化控技术，节水灌溉与排涝技术，中耕、施肥、除草与培土等环节的关键技术；马铃薯收获之前的机械化杀秧技术；涵盖挖掘、抖土、分离、集装全部收获作业工序的马铃薯机械化收获技术；清选、条片化处理及面粉加工等机械化深加工技术等。

第三章

花生全程机械化

生产技术

第一节 概述

1.1 花生种植现状

花生作为我国四大油料作物之一，其种植面积约 500 万公顷，总产量近 1400 万吨，约占全球总产量的 37%，居全球第一位。在我国，花生种植具有广泛的分布，以地域划分，可分为黄淮海产区、东北产区、西北产区和南方产区，其中河南、山东、辽宁、河北、广东、安徽、江苏、四川、湖北、广西是我国的花生主要种植省份，总产量占全国的 90% 以上。河南和山东作为我国最大的花生种植省份，其花生的种植面积占全国花生总种植面积的 36% 以上，其产量约占全国总产量的 40%。2016 年，河南省花生种植面积为 109.2 万公顷，产量为 392 万吨，单产量为 3589.7kg/ 公顷；山东省花生种植面积为 76.1 万公顷，产量为 251 万吨，单产量为 3298.3kg/ 公顷；全国花生种植面积 466.3 万公顷，产量 1571 万吨，单产量为 3369.1kg/ 公顷。

1.2 花生机械化现状

花生全程机械化生产技术主要包括耕整地、播种、田间管理（植保、灌溉）、收获、摘果等田间作业机械化技术和脱壳、榨油等深加工机械化技术。近年来，花生生产机械化率大幅提高，截至 2016 年，我国花生耕作、播种和收获三个主要环节机械化率分别为 72.61%、43.10% 和 33.91%，综合机械化率为 52.14%，但与主要粮食作物机械化水平相比仍有较大差距，尚需进一步提升花生生产全程机械化技术。

第二节　花生生产全程机械化技术方案

2.1 花生生产全程机械化关键技术

花生生产全程机械化技术包括作物收获后的机械化深耕、深松技术；撒播农家肥，精细化旋耕整地技术；集筑垄、施肥、播种、覆土、喷药、施水、展膜、压膜、膜上覆土九道工序于一体的花生机械化播种技术，根据不同地区的种植模式可分为膜上覆土播种、膜上打孔播种和非覆膜播种；花生机械化田间管理技术；植保机械的病虫害防治与化控、灌溉机械的节水灌溉与排涝、中耕机械的中耕施肥、除草与培土等环节的关键技术；花生机械化收获技术可根据收获方式划分为挖掘＋摘果一次性完成作业的联合式机械化收获技术、挖掘铺放＋捡拾摘果的两段式机械化收获技术、花生秧蔓收集＋挖掘铺放＋捡拾摘果的多段式机械化收获技术；脱壳、榨油等机械化深加工技术等。

2.2 花生生产全程机械化技术路线图

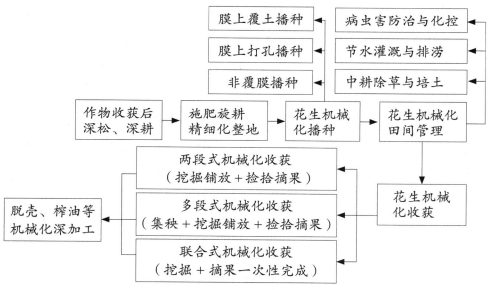

图 3-1 花生生产全程机械化技术路线图

第三节　花生生产全程机械化技术

3.1 花生机械化耕整技术

　　冬前对土壤深耕或深松，早春顶凌耙耱，或早春化冻后耕地，随耕随耙耱。深耕耙地要结合施肥培肥土壤，提高土壤保水保肥能力。推广松翻轮耕技术，松翻隔年进行，先松后耕，深松25cm以上，深翻30cm左右，以打破犁底层，增加活土层。对于土层较浅的地块，可逐年增加耕层深度。

图3-2　深耕作业　　　　　　　　　图3-3　旋耕整地作业

　　早春化冻后，要及时进行旋耕整地。旋耕时，要随耕随耙耱，并彻底清除残留在土内的农作物根茎、地膜、石块等杂物，切实提高整地质量。

3.2 机械化播种技术

3.2.1 花生种植模式

　　花生的种植方式可分为平作、垄作、畦作和套作。

　　平作为地面开穴播种，行距大小可以调整，不受起垄的限制。平作的优点是利于抗旱保墒，减少起垄工序，省时省工，宜于密植，但是排灌不方便，昼夜温差小。

　　垄作为先起垄，再进行垄上播种。垄作的优点是可改善土壤团粒结构，增厚活土层，提高土壤透气能力，有利于提高地温和昼夜温差，便于排灌防止积水烂果。

畦作亦称高畦种植，在降雨量较多、易受涝害的南方和土层浅、易懈涝的丘陵旱地，采取开沟作畦，作成抗旱防涝、能排能灌的高畦。

套作是在同一田地上于前季作物生长后在其株、行间播种或移栽后季作物的种植方式，套作可以节约利用时间和空间资源，常见套种模式如：麦田套种夏花生。

3.2.2 花生栽培方式

花生的栽培方式包括春播花生、夏直播花生、麦套花生、秋花生和冬花生。

春播花生种植较为广泛，各大产区均有种植，以山东、河南、河北、广东、安徽、广西、江苏、江西和辽宁等省份为主要种植区域。春播花生的适合播期与地域条件具有密切的相关性，黄淮海产区一般为4月中下旬，西北产区为5月上中旬，东北产区为5月中上旬。黄淮海产区中等以上地力田块，春播花生或春播地膜覆盖花生宜选择生育期125天左右的优质专用型中大果型品种，瘠薄地或连作地宜选择生育期125天左右的优质专用型小果型品种。东北产区选用生育期120~125天的中早熟中、小果型品种，其中高纬度、无霜期短、积温低的地区选用生育期115天以内的早熟小果型品种。南方产区春花生选用生育期120天左右的适合当地种植的珍珠豆型品种。西北产区南疆春花生选用生育期125天左右的中大果型品种，北疆春花生选用生育期120天以内的小果型品种。

麦套花生的种植区域主要为长江流域北部和黄淮海产区。河南、河北、山东等主产区常年稳定在33~47万公顷，其中以河南面积最大，在17~20万公顷。麦套花生的适宜播期为麦收前15~20天，一般为5月中下旬，宜选择生育期在125天以内的优质专用型中大果花生品种。麦田套种花生存在土壤板结、播种质量较差、苗弱和不宜机械作业等缺点。

夏直播花生指小麦、马铃薯等夏收作物收获后接茬播种的花生，其生育期期间雨热同季，生长发育迅速，因此各生长周期也相应缩短。夏直播花生的种植区域主要为长江流域北部和黄淮海产区。夏直播花生应在小麦收获后及时整地，尽早播种，播期一般不晚于 6 月 20 日，宜选择生育期在 110 天左右的优质专用型中果花生品种。夏直播花生种植操作较麦套花生简单、更适合大规模机械化生产的要求，且不与粮食作物争地等优势，其生产规模发展迅速，已超过麦套花生的播种面积。

秋花生的种植主要分布在我国广东、广西、福建、云南和台湾等省，常年种植面积约 14 万公顷。秋花生多为立秋前后种植，12 月中旬收获，品种主要是珍珠豆型花生。

冬花生少量种植于我国最南部地区，主要分布在海南省、广东省雷州半岛台地和云南省西南部西双版纳等地区。一般在立冬前后播种，品种主要是珍珠豆型花生。

土壤墒情：适墒土壤水分为最大持水量的 70% 左右，适期内，抢墒播种；若墒情不足，播后应及时滴水造墒，确保适宜的土壤墒情。

播种时间：根据品种特性、自然条件和栽培制度确定适宜的播种期。春花生一般为 4 月下旬至 5 月上旬。露天播种花生，中晚熟品种播种的最佳时间为地下 5cm 处，地温为 15℃ ~18℃时，而早熟品种播种的最佳时间为地下 5cm 处，地温为 12℃ ~15℃时。如果为地膜覆盖栽培，可将播种提前 10 天左右。在墒情有保障的地方应适期晚播，避免倒春寒影响花生出苗及饱果期遇雨季而导致烂果。青岛市花生适宜播期为 5 月 1 日至 5 月 10 日。

3.2.3 花生品种选择

根据当地生产和种源条件，选择结果集中、结果深度浅、适收期长、不易落果、荚果外形规则的优质、高产、抗逆性强且适合机械化生产的直立型抗倒伏品种。

种子精选尤为重要，应筛选颗粒饱满、大小均匀、活力强、种子净度 99% 以上，且发芽率 ≥ 90% 的品种。播种前，应实施药剂拌种，可选用 30% 的毒死蜱种子处理微囊悬浮剂 3000ml 或 25% 噻虫咯霜灵悬浮种衣剂

700ml，加适量水（药浆为1~2L）拌花生种100kg。拌种后，应晾干种皮后再播种，最好为24小时内播种。

3.2.4 花生播种农艺

1. 播种深度。

应根据墒情、土质、气温灵活掌握，一般机械播种以5cm左右为宜。沙壤土、墒情差的地块可适当深播，但不能深于7cm；土质黏重、墒情好的地块可适当浅播，但不能浅于3cm。

2. 播种密度。

花生机械播种为穴播，大花生12000~150000穴/公顷，小花生150000~180000穴/公顷为宜，每穴2粒。一般情况下，播种早、土壤肥力高、降雨多、地下水位高的地方，或播种中晚熟品种，播种密度要小；播种晚、土壤瘠薄、中后期雨量少、气候干燥、无水利条件的地方，或播种早熟品种，播种密度宜大。

3. 播种要求。花生播种一般采用一垄双行（覆膜）播种和宽窄（大小）行平作播种。

（1）一垄双行垄距控制在80~90cm，垄上小行距28~33cm，垄高10~12cm之间，穴距14~20cm。同一区域垄距、垄面宽、播种行距应尽可能规范一致。覆膜播种苗带覆土厚度应达到4~5cm，利于花生幼苗自动破膜出土。

易涝地宜采用一垄双行（覆膜）高垄模式播种，垄高15~20cm，以便机械化标准种植和配套收获。

（2）平作播种。等行平作模式应改为宽窄行平作播种，以便机械化收获。宽行距45~55cm，窄行距25~30cm。在播种机具的选择上，应尽量选择一次完成施肥、播种、喷药、覆膜、镇压等多道工序的复式播种机。其中，夏播花生可采用全秸秆覆盖碎秸清秸花生免耕播种机进行播种。

（3）播种作业质量要求。机播要求双粒率在75%以上，穴粒合格率在95%以上，空穴率不大于2%，破碎率小于1.5%。所选膜宽应适合机宽要求。

作业时尽量将地膜拉直、拉紧，应实现苗带完全覆土，并同时放下镇压轮进行镇压，使膜尽量贴紧地面。

3.2.5 花生播种机具

花生播种经历了人工、简单农具、单一作业、复式播种作业的发展过程。目前而言，花生机械化播种技术基本成熟，已研发出适宜不同种植模式的花生播种机。如：山区丘陵地带可选择使用与手扶拖拉机配套使用的花生播种覆膜机，该播种机价格较低，操作简单，适合小规模种植使用；平原地区的中等地块可选择使用与小四轮拖拉机配套使用的一垄两行或两垄四行多功能花生覆膜播种机，该播种机可实现筑垄、施肥、播种、覆土、喷药、施水、展膜、压膜、膜上覆土九道工序，可根据不同的种植模式，选择相应工序组合的多功能花生覆膜播种机。土地集约化程度较高的地区可使用三垄六行、四垄八行多功能花生覆膜播种机进行机械化播种作业。

图 3-4　手扶花生播种机　　　图 3-5　两垄四行花生播种机

图 3-6　四垄八行花生播种机

3.3 花生机械化田间管理技术

3.3.1 病虫草害防治与化控技术

1. 病虫草害防治。

对于病虫草害防治，应定期观察花生的长势及虫害情况，选择适宜的药剂和施药时机。植保机具的选择，应根据花生的种植地形、种植地块的大小和种植的模式，采用背负式喷雾喷粉机、机动喷雾机、无人机等植保机具。机械化植保作业应符合喷雾机作业质量、安全施药技术规范等方面的要求。

2. 化控调节，防徒长防倒伏。

花生盛花到结荚期，株高超过35cm，有徒长趋势的地块，须采用化学药剂进行控制，防止徒长倒伏。喷洒器械应选择液力雾化喷雾方式。如采用半喂入花生联合收获，还应确保花生秧蔓到收获期保持直立。

图3-7　背负式喷雾机　　　　　图3-8　机动式打药机

图3-9　无人植保机

3.3.2 节水灌溉与排涝技术

根据花生的不同种植模式，应选择不同的节水灌溉技术，平作种植模式适宜选择滴灌和喷灌技术；垄作和畦作的种植模式适宜选择漫灌、滴灌和喷灌技术；套种种植模式适宜滴灌技术。

图 3-10　垄间漫灌技术

图 3-11　膜下滴灌技术

图 3-12　悬臂喷灌技术

花生生育期间干旱无雨，应及时灌溉；如雨水较多、田间积水，应及时排水防涝以免烂果，确保产量和质量。

3.3.3 中耕施肥、除草与培土技术

花生种植周期内不仅需要使用微耕机或中耕机进行多次中耕除草，实现杂草防除；而且需要进行 1~2 次的中期深施追肥和培土，巩固长势，确保丰收。

图 3-13　中期微耕除草、培土技术　　图 3-14　多垄中耕除草、施肥、培土技术

3.4 花生机械化收获技术

花生的收获期应根据花生生育情况和气候条件确定，当植株呈现老状态，顶端停止生长，上部叶片变黄，基部和中部叶片脱落，大部分花生果壳硬化、网文清洗、果壳变薄，种仁呈现品种特征时即可收获。从温度上来看，12℃以下荚果即停止生长，应及时收获。

目前，花生机械化收获包括联合式机械化收获、两段式机械化收获和多段式机械化收获三种收获模式，各有其适应性和使用范围，根据地块大小、土壤墒情、经济情况等因素选择合适的机械化收获方式。

3.4.1 花生联合式机械化收获技术

花生联合式机械化收获技术指花生联合式收获机一次性完成花生的挖掘、拔取、抖土、摘果、分离和清选等作业环节。花生联合式收获机按其喂入方式可分为半喂入型花生联合式收获机和全喂入型花生联合式收获机。与全喂入型花生联合式收获机相比，半喂入型花生联合式收获机因具有功率消耗低、作业效率高的优点，具有较高的使用率。

联合收获机的选择应与播种机匹配。半喂入型花生联合式收获机作业质量要求：总损失率 3.5% 以下，破碎率 1% 以下，未摘净率 1% 以下，裂荚率 1.5%以下，含杂率 3% 以下；无漏油污染，作业后地表较平整、无漏收、无机组对作物碾压、无荚果撒漏。全喂入型花生联合式收获机作业质量要求：总损失率 5.5% 以下，破碎率 2% 以下，未摘净率 2% 以下，裂荚率 2.5% 以下，含杂率 5% 以下；无漏油污染，作业后地表较平整、无漏收、无机组对作物碾压、无荚果撒漏。秧蔓处理：半喂入型花生联合收获机收获后的花生秧蔓，应规则铺放，便于机械化捡拾回收；全喂入型花生联合收获机收获后的花生秧蔓，如做饲料使用，应规则铺放，便于机械化捡拾回收，如还田，应切碎均匀抛洒地表。

联合式花生机械化收获技术具有利于抢占农时的优点，也存在收获时间受天气影响较大的缺陷。

图 3-15　半喂入花生联合式收获机　　图 3-16　全喂入花生联合式收获机

3.4.2 花生两段式机械化收获技术

花生两段式机械化收获技术指首先采用花生条铺收获机完成挖掘、拔取、抖土和有序铺放，再采用花生捡拾收获机完成捡拾摘果清选工序。花生两段式机械化收获技术具有受天气影响较小、作业效率高的优点，是目前最适宜

图 3-17　花生条铺收获机　　　　　图 3-18　花生捡拾收获机

使用的花生收获方式。

花生条铺收获机作业质量要求：总损失率 3.5% 以下，破碎果率 2% 以下，含杂率 5% 以下；无漏油污染，作业后地表较平整、无漏收、无机组对作物碾压、无荚果撒漏。

花生捡拾收获机作业质量要求：总损失率 3.5% 以下，埋果率 2% 以下，挖掘深度合格率 98% 以上，破碎果率 1% 以下。

3.4.3 花生多段式机械化收获技术

花生多段式机械化收获技术指在花生两段式机械化收获之前增加了收集花生秧蔓的工序。该收获技术的产生主要是由于花生秧的营养价值逐渐被认知，其需求量日益增加。花生多段式机械化收获技术具有花生两段式机械化收获技术的相同优点。

3.5 花生机械化深加工技术

3.5.1 花生机械化脱壳技术

花生机械化脱壳技术属于花生初级加工技术，是多种花生深加工工艺的必备工序。其技术要求：机械脱壳时，应根据花生品种的大小，选择合适的凹版筛孔，合理调整脱粒滚筒与凹版筛的工作间隙，且避免因喂入量过大，导致花生果在机器内停留时间过长和挤压强度过大而破损。脱壳时花生果不宜太潮湿或太干燥，太潮湿降低效率，太干燥则易破碎。冬季脱壳，花生果含水率低于 6% 时，应均匀喷洒温水，用塑料薄膜覆盖 10 小时左右，然后在阳光下晾晒 1 小时

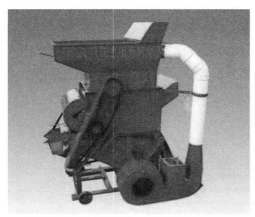

图 3-19 花生脱壳机

左右再进行脱壳。其他季节用塑料薄膜覆盖 6 小时左右即可。机械脱壳要求

脱净率达 98% 以上，破碎率不宜超过 5%，清洁度达 98% 以上，吹出损失率不应超过 0.2%。

3.5.2 花生机械化深加工技术

花生机械化深加工技术包括花生榨油、花生烘炒等多种深加工技术，是其产后处理的必备技术。

第四节　小结

花生生产全程机械化技术涵盖机械化深耕、深松技术，撒播农家肥，精细化旋耕整地技术，集筑垄、施肥、播种、覆土、喷药、施水、展膜、压膜、膜上覆土九道工序于一体的花生机械化播种技术，病虫害防治与化控技术、节水灌溉与排涝技术、中耕施肥、除草与培土等环节的关键技术，花生机械化田间管理技术，花生机械化收获技术以及脱壳、榨油等机械化深加工技术等。

第四章

小麦全程机械化
生产技术

第一节 概述

1.1 小麦种植现状

小麦是世界上广泛种植的禾本科植物，是世界上总产量第二的粮食作物，仅次于玉米，世界上约 40% 的人口以小麦为主要食粮。我国是世界最大的小麦生产国和消费国，是中国第三大粮食作物，占当年世界小麦生产总量的 17% 和消费总量的 16%，其生产对保障国家粮食安全具有重要意义。近十年我国小麦生产连续丰收，种植面积稳定在 2390 万公顷，总产量逐年提高，2017 年小麦总产量 1.34 亿吨，比 2006 年增长 24%，其中单产提高是小麦总产量增加的主要因素。过去 40 年间，小麦单产从 1978 年的 1845kg/ 公顷提高到 2017 年的 10845kg/ 公顷，在全球范围内已处在较高水平。近十几年来，春麦区、西南冬麦区和北部冬麦区面积不断下降，小麦主产区集中到黄淮麦区（约占总产 70%）和长江中下游麦区。对我国小麦生产贡献最大的省份依次是河南、山东、河北、安徽和江苏等，这 5 个省份小麦产量占全国小麦总产量的 75%。适应机械化收获的高产、矮秆、抗逆、优质的品种得到大面积普及，优质麦产业有较快发展，但品质类型仍不能完全满足市场需求，2017 年进口优质强筋小麦和弱筋小麦 400 万吨左右，在小麦总量中所占的比例较低。同时劳动力和生产资料成本的提高越来越限制了小麦产业的竞争力，今后需要在供给侧结构性改革方面重点发展绿色、高效、营养、健康的小麦产业，建立种植—收贮—加工—产品的产业链条。

1.2 小麦机械化现状

随着我国小麦生产的机械化发展，生产农业用机械的企业也能满足自身的生产需求。在小麦的整个生产过程当中，需要各种机械化设备，其发展较为迅速。从目前的情况来看，我国机械设备的水平不仅能满足小麦生产的所有需求，同时也能达到国际上的先进水平，例如用于灌溉的机械设备以及用于收获和茎秆处理的机械设备等，以自走式的谷物收割机为例，该机械设备不管是在谷物收获的损失率还是在破碎率及含杂率等方面都和国际上的先进设备没有区别，但在各别环节的机械化生产作业方面需要进一步提升，例如目前还无法达到精确播种和精确施药。

第二节　小麦生产全程机械化技术方案

2.1 小麦生产全程机械化关键技术

小麦生产全程机械化技术包括作物收获后的机械化深耕、深松技术、撒播农家肥、精细化旋耕整地技术，以精确少量播种为主要方式的单项播种技术，以稻茬麦浅旋耕机械化条播和小麦免耕施肥为主要方式的复式播种技术，小麦机械化田间管理技术，植保机械的病虫害防治与化控技术，灌溉机械的节水灌溉与排涝技术，中耕机械的中耕、施肥、除草与培土等环节的关键技术。小麦机械化收获技术可根据收获方式划分为可一次性完成收割＋脱粒＋清选等作业的联合收获方式、用割晒机和场上作业机械分别完成收割＋脱粒＋清选的分段收获方式、后续有秸秆还田与离田技术以及烘干、制粉等机械化深加工技术等。

2.2 小麦生产全程机械化技术路线图

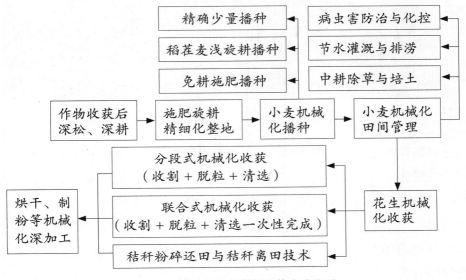

图4-1 小麦生产全程机械化技术路线图

第三节 小麦生产全程机械化技术

3.1 小麦机械化耕整技术

耕作整地是小麦播前准备的主要技术环节。其目的是使麦田达到耕层深厚，土壤中水、肥、气、热状况协调，土壤松紧适度，保水、保肥能力强，地面平整状况好，符合小麦播种要求，为全苗、壮苗及植株生长创造良好条件。

图 4-2　深耕作业　　　　　　　　图 4-3　旋耕整地作业

　　根据种植方式、土壤条件、田块规模等因素，选择机具和耕整地方式。耕性良好的土壤宜用铧式犁耕翻，然后用钉齿耙或圆盘耙耙地；耕性不良的可先用深松机松土，再用旋耕机旋耕，也可直接用旋耕机完成耕整作业；土层薄、底土肥力低可上翻下松，分层耕作。前茬作物收后应适时灭茬并在宜耕期内作业；土壤含水量适宜应耕后即耙，也可耕耙联合作业；需秸秆还田或灭茬的田块，应适时进行秸秆还田或灭茬作业。根据实际情况划分作业地段，其长度与宽度应便于机具作业；斜坡地耕作方向应与坡向垂直，尽可能进行水平耕作。耕深一般 16~25cm。耕层浅的田应结合增施有机肥适当增加耕深。深施的化肥量应满足作物要求并保证连续均匀无断条。松软土壤或旱情严重时应酌情镇压。耙地宜先重耙破碎垡片，后轻耙平地。重耙耙深 16~20cm，轻耙耙深 10~12cm。相邻耙行间应有 10~20cm 的重叠量。用旋耕作业代替耕整地时，一般旋深 8~12cm；浅旋耕条播联合作业旋深 3~5cm；浅旋耕条播作业时，一般土壤含水率 20% 左右，稻茬地 20%~30%。一般要求畦宽 3~4m；播后及时开沟，开沟深 25~35cm，间隔 3~4m，做到沟沟相通，沟渠相通。耕作方式应旋耕 2 年深耕一次；深耕深松宜 2~3 年一次。三漏田不宜深松。

　　随着保护性耕作技术的推广应用，地表通常覆盖有大量的秸秆，导致地表凹凸不平，影响播种，因此播种前要对土地进行平整处理。可选择秸秆粉碎还田机、圆盘耙、旋耕机等进行粉碎、耙平、浅旋，或人工平整地表使地

面保持平整。不允许机器在田间随意碾压。

3.2 机械化播种技术

3.2.1 小麦种植模式

根据各地自然资源、气候条件采取小麦和其他作物平作、复种以及间作、套种，形成了一年一熟、两熟等多种种植方式。

一熟平作主要在长城沿线以北的春麦区和北部冬麦区。春麦区的春小麦一般种在冬闲地上，春季播种，夏季或初秋收获，实行春小麦连作或与大豆、高粱、豌豆、大麦等轮作；北部冬小麦区的冬小麦秋播在夏闲地上第二年夏季收获，与豌豆、扁豆、大豆、春玉米、高粱、谷子等轮作。

两熟平作主要分布在黄淮平原与西南冬麦区，热量资源可满足小麦、玉米或小麦、水稻两熟需要。南部地区还有小麦和棉花、甘薯、芝麻等复种的一年两熟。

两熟套种间作混种可以充分利用热量资源，集约利用土地，延长作物生长季节，以提高全年总产量。小麦玉米套种为北方冬麦区较广泛的种植模式，采取宽窄行或小畦种植，可以解决小麦一年两熟生长季节不足的问题。另外，小麦也可以与棉花、油料作物套种，与豆类作物间作、混种。

3.2.2 小麦栽培方式

小麦的栽培方式包括春小麦、冬小麦。

春小麦区，主要分布在长城以北。该区气温普遍较低，生产季节短，故以一年一熟为主，主产区有黑龙江、河北、天津、新疆、甘肃和内蒙古。春小麦3月下旬至4月上旬播种，7月中下旬收获。春小麦的抗旱能力极强，株矮穗大，生长期短，适于春天播种，春小麦播种越早越好，小麦在春化阶段抗冻能力较好，一般不会出现冻害。春小麦分蘖少，个体较小，采取密植更能获得高产。一般行距17cm左右为宜，或大小行，大行20cm，小行13~15cm。播种量依据种子千粒重、发芽率及公顷穗数而定，地力差或墒情差可适当增加播量。

冬小麦主要种植在稍暖的地区，一般在9月中下旬至10月上旬播种，翌年5月底至6月中下旬成熟。冬小麦主要有两大产区。北方冬小麦区，主要分布在秦岭、淮河以北，长城以南，其冬小麦产量约占全国小麦总产量的56%左右。其中主要分布于河南、河北、山东、陕西、山西等地区；南方冬小麦区，主要分布在秦岭淮河以南。这里是我国水稻主产区，种植冬小麦有利提高复种指数，增加粮食产量。其特点是商品率高。主产区集中在江苏、四川、安徽、湖北等地区。

土壤墒情：适墒土壤水分在不同生长时期有不同要求。出苗至分蘖期，土壤含水量为80%左右；越冬期，土壤含水量为55%~80%；返青至拔节期，土壤含水量为70%~80%；孕穗到开花期，土壤含水量为80%左右；灌浆期，土壤含水量为60%以上；适期内，抢墒播种；若墒情不足，播后应及时滴水造墒，确保适宜的土壤墒情。

播种时间：根据品种特性、自然条件和栽培制度确定适宜的播种期。春小麦一般在3月下旬至4月上旬播种，冬小麦一般在9月中下旬至10月上旬播种。

3.2.3 小麦种子处理

首先进行种子的选用。种子品种可根据当地的气候条件、地力基础、有无灌溉条件、农艺等因素选用适应性广、抗逆性强、丰产稳产的优良品种。可选用分蘖力强、成穗率高、株型较为松散的多穗型品种，如济麦22，抗倒伏，粒大饱满；烟农23，抗寒，抗倒伏弱于济麦22，但面质筋道价格高。

然后进行种子处理。播种前应根据当地的病虫害发生情况，选用高效低毒的种衣剂对小麦种子进行防病虫包衣或拌药剂处理。可选用2%成唑醇和40%甲基异柳磷乳油等药剂拌种；病、虫混发地用杀菌剂＋杀虫剂混合拌种。

3.2.4 小麦播种农艺

（1）适时足墒播种小麦，最佳播期为10月1日~10月15日，在适宜播期内，旱薄地黏土涝洼地及冬性品种可适当早播，地力高、砂土地和半冬性品种可适当晚播。小麦出苗适宜的土壤相对含水量为70%~80%，若遇干旱，要提早灌水造墒，也可在小麦播种后浇蒙头水并及时划锄。应掌握"宁

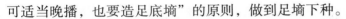

可适当晚播，也要造足底墒"的原则，做到足墒下种。

（2）机具调整，作业前必须按要求正确调整播种机，并通过试播，调整到位，播种量、施肥量、播深、肥深、行距、镇压力等符合要求，才能进行作业。播种深度：免耕播种机采用带状旋播，播种后形成垄沟，垄上的土容易向沟内滑落而增加播深，造成小麦苗弱，分蘖差，影响产量。因此，一定要控制好播深，沙壤地覆土深度控制在 2~3cm，黑土地控制在 3~4cm 为宜，落籽均匀，覆盖严密，每公顷成穗数保证 50 万穗以上。

（3）施肥深度：分侧位深施和正位深施两种。侧位深施肥料在种子侧下方 3~5cm，正位深施肥在种子正下方 5cm 以上，要求深浅一致。

（4）行距：按模式要求进行调整，沟播行距应不小于 20cm，不大于 30cm。确定小麦行距时要考虑与玉米行距配套，如小麦 20cm ＋ 40cm 的宽窄行、或 30cm 等行距，都能与 60cm 的玉米行距配套，播深均匀。

（5）播种量：针对目前普遍推广使用的保护性耕作技术，秸秆直接还田并覆盖地表，特别是黄淮海地区作物秸秆量大，小麦种植时难免会导致部分种子落入草团中或因镇压不实出现露种现象，出苗率降低，影响整体产量。因此，在同一地块实施保护性耕作模式要比以往传统种植时加大 10%~20% 的播种量。黑土地用种量 180~300kg/ 公顷，沙壤地用种量 225~270kg/ 公顷，丘陵地用种量 225~375kg/ 公顷。

3.2.5 小麦播种机具

小麦播种经历了人工、简单农具、单一作业、复式播种作业的发展过程。根据当地土壤条件和种植习惯，选择先进适应的机具，如固定道式震动深松分层免耕施肥播种机、免耕施肥播种机。小麦免耕播种机的基本要求是采用沟播方式、不筑垄埂；采用复式带状作业，一次完成切碎秸秆、破茬开沟、播种、施肥、覆土、镇压等工序；要求作业无堵塞，播种质量好，能深施化肥。根据不同的土壤环境，可根据实际情况自行改进。

小麦免耕播种机必须带镇压装置并正确调整镇压轮压力弹簧，土壤干燥可将镇压力调大，压碎坷垃、压实苗带，防止透气跑墒落干，保墒提墒；土壤湿润可将镇压力调小，确保镇压良好。土壤潮湿时，镇压轮容易黏土缠草，有刮土装置的要调整好，没有刮土装置的要及时清理镇压轮黏土缠草。

图 4-4 小麦免耕施肥播种机　　图 4-5 稻茬麦浅旋耕机械化条播机

3.3 小麦机械化田间管理技术

3.3.1 病虫草害防治与化控技术

小麦在生长期间进行田间管理的重要作业方法是通过中耕和植保机械化来实现的。中耕的目的是改善土壤状况、蓄水保墒、消灭杂草、提高地温、补充养分及加固植株，为作物生长发育创造良好的条件。

农作物在生长发育过程中经常遭受病菌、害虫和杂草的危害，而降低产量和质量。病、虫、草害的防治方法很多，化学药剂机械化防治方法简便，见效快，且有控制病、虫、草害种类多、效率高的特点，所以得到广泛应用。利用植保机械防治农作物病、虫、草害，其优点在于不受地区和季节的限制，对药剂的适应性强，可根据不同的剂型，选用不同的机械，使用多种施药方法。

1.病虫草害防治。

对于病虫草害防治，应定期观察小麦的长势及虫害情况，选择适宜的药剂和施药时机。植保机具的选择，应根据小麦的种植地形、种植地块的大小和种植的模式，采用背负式喷雾喷粉机、机动喷雾机、无人机等植保机具。机械化植保作业应符合喷雾机（器）作业质量、安全施药技术规范等方面的要求。

2. 化控调节，防徒长防倒伏。

小麦出苗到结粒期，株高超过 60cm，有徒长趋势的地块，须采用化学药剂进行控制，防止徒长倒伏。喷洒器械应选择液力雾化喷雾方式。

图 4-6　背负式喷雾机　　图 4-7　机动式打药机　　　　图 4-8　无人植保机

3.3.2 节水灌溉与排涝技术

根据小麦的不同种植模式，应选择不同的节水灌溉技术，平作种植模式适宜选择滴灌和喷灌技术，垄作和畦作的种植模式适宜选择漫灌、滴灌和喷灌技术，套种种植模式适宜滴灌技术。

4-9　垄间漫灌技术　　　　图 4-10　滴灌技术　　　　图 4-11　喷灌技术

小麦生育期间干旱无雨，应及时灌溉；如果雨水较多、田间积水，应及时排水防涝以免烂根，确保产量和质量。

3.3.3 中耕、施肥、除草与培土技术

小麦种植周期内不仅需要使用微耕机或中耕机进行多次中耕除草，实现杂草防除；而且需要进行 1~2 次的中期深施追肥，巩固长势，确保丰收。中耕机主要是锄铲式中耕机，可以实现除草、松土、施肥、间苗等作业。

3.4 小麦机械化收获技术

小麦机械收获的最佳时期在完熟期，这时候小麦的茎秆全部干枯，籽粒体积缩小，含水量降低，呈干硬状，不易破碎。如果完熟期以后还没收获，麦粒中的养分会倒流入秸秆，造成粒重下降，严重者将减产百斤以上。如果再遇上阴雨天气绵，麦粒又会生芽发霉，品质变差，损失更大。因此，掌握收获时机，适时抢收非常关键。

目前，小麦机械化收获包括联合式机械化收获和分段式机械化收获两种模式，各有其适应性和使用范围，根据地块大小、土壤墒情、经济情况等因素选择合适的机械化收获方式。

3.4.1 小麦联合式机械化收获技术

小麦联合式机械化收获技术指小麦联合式收获机一次性完成小麦的收割、脱粒、清选等作业环节。小麦联合式收获机的喂入方式一般是全喂入小麦联合式收获机。小麦联合式收获机因具有作业效率高的优点，因此有较高的使用率。

联合收获机的选择应与播种机匹配。小麦联合收获机作业质量要求为收割小麦、割茬高度应符合当地农艺要求。在作物直立，草谷比为0.8~1.2，在籽粒含水率为10%~20%、茎秆含水率为10%~25%的条件下，总损失率不得超过3%，破碎率不得超过3%，含杂率不得超过3%；无漏油污染，作业后地表较平整、无漏收、无机组对作物碾压、无籽粒撒漏。小麦全喂入联合收获机收获后的小麦茎秆，如做饲料使用，

图4-12 全喂入小麦联合式收获机

应规则铺放，便于机械化捡拾回收；如还田，应切碎均匀抛洒地表。

小麦联合式机械化收获技术具有利于抢占农时的优点，也存在收获时间受天气影响较大的缺陷。

3.4.2 小麦分段式机械化收获技术

小麦分段式机械化收获技术指首先采用小麦割晒机完成收割和铺放晾晒，再采用小麦脱粒机完成脱粒工序，最后使用小麦籽粒清选机进行小麦籽粒的清选作业。分段式小麦机械化收获技术具有受天气影响较小、作业效率高的优点，适用于小地块和大型机器难以进入的地区使用。

图 4-13 小麦割晒机

图 4-14 小麦脱粒机

图 4-15 小麦籽粒清选机

小麦割晒机作业质量要求：总损失率 2% 以下，籽粒脱落率 1% 以下；无漏油污染，作业后地表较平整、无漏收、无机组对作物碾压。

小麦脱粒机作业质量要求：总损失率 3% 以下，籽粒破碎率 2% 以下，脱粒率 98% 以上。

小麦籽粒清选机作业质量要求：总损失率 2% 以下，含杂率 3% 以下，籽粒破碎率 1% 以下。

3.5 小麦机械化深加工技术

3.5.1 小麦烘干技术

粮食干燥机械化技术是以机械为主要手段,采用相应的工艺和技术措施,人为地控制温度、湿度等因素,在不损害粮食品质的前提下,降低粮食中的含水量,使其达到国家安全贮存标准的干燥技术。它除了能有效地防止连绵阴雨等灾害性天气所造成的损失外,还具有明显的优势。

图4-16 小麦烘干机

（1）减轻劳动强度,改善劳动条件,提高劳动生产率,为实现农业现代化、生产产业化和集约化提供有效手段。

（2）提高了粮食品质,耐贮性和加工性。

（3）可以防止自然干燥对粮食造成的污染,以及杜绝农民占用公路晾晒造成的交通伤亡事故。

粮食干燥机械化技术改变了长期以来粮食干燥单纯依靠自然阳光在晒场上翻晒的传统方法,为全面实现农业机械化、现代化又迈进了一步。

3.5.2 秸秆粉碎还田技术

多年来由于施用化肥品种和数量的增多,致使土壤结构变坏,土地板结,土壤有机质严重下降。通过秸秆粉碎还田技术,利用秸秆中丰富的有机质含量来培肥地力,改善土壤理化性状,增加土壤有机质和其他养分,是促进农业增产的有效措施。秸秆粉碎还田机械化技术是将摘除棒穗的秸秆,用机械直接粉碎撒于地面,然后,再用机械耙切深耕翻埋。采用秸秆粉碎还田机械化技术比传统的秸秆还田法省去了割、捆、运、铡、沤、撒等多道工序,可大大提高工效,减轻劳动强度,而且还能把握住农时季节,提高作业质量,增进肥效。

秸秆粉碎还田机械主要分为两大类：一是与小麦联合式收割机配带的秸秆粉碎还田机；二是与拖拉机配套的秸秆粉碎还田机。虽然结构有所不同，但秸秆粉碎过程基本相同。

图 4-17 秸秆粉粹还田机

3.5.3 秸秆离田技术

利用拖拉机牵引方式进行秸秆的捡拾打捆。打捆的形式有方捆和圆捆。主要由主机架、捡拾器、传动系统、输送拨叉器、压缩活塞、打捆机构及压草室等部分组成。具有喂入量大、捡拾干净、工作效率高、草捆紧实、方正、便于堆放与运输等优点，不仅适用小麦、水稻、玉米等作物秸秆的打捆作业，更适合草原牧草打捆作业。

利用小麦收割机配套打捆机技术进行打捆。

（1）技术工艺：通过在小麦联合收割机上装配秸秆打捆机进而实现小麦秸秆的收集打捆。配套动力为 80kW 以上。

（2）装配方式：秸秆打捆机的动力由联合收割机滚筒轴

图 4-18 小麦打捆机

提供，在滚筒轴外端加装动力传动链轮，通过链传动，将滚筒轴输出动力传送至打捆机的减速机。打捆机的进料口与联合收割机的秸秆抛出口对接，不设秸秆捡拾机构，实现边收割边打捆。

（3）特点：结构紧凑，性能匹配良好，收割和打捆一次性完成，节省作业工序和人工，解决秸秆焚烧的社会难题，促进了秸秆的综合利用。

3.5.3 小麦机械化深加工技术

小麦机械化深加工技术主要就是小麦制粉技术，是其产后处理的必备技术。

第四节　小结

小麦生产全程机械化技术涵盖机械化深耕、深松技术，撒播农家肥、精细化旋耕整地技术，集施肥、播种、喷药、施水等工序于一体的小麦机械化播种技术，机械化田间管理技术，病虫害防治与化控技术，节水灌溉与排涝技术，中耕、施肥、除草与培土等环节的关键技术，小麦机械化收获技术以及还田、离田、烘干和制粉等机械化深加工技术。

第五章

玉米全程机械化生产技术

第一节 概述

1.1 玉米种植现状

玉米作为我国三大粮食作物之一，在全国范围内都有广泛的种植。对于我国而言，玉米一饰三角，粮、经、饲兼用，对整个国民经济发展具有重要影响。2017 年我国玉米种植面积 4.24 亿公顷，总产量 2.59 亿吨，占我国粮食总产量的 39.15%。自 2005 年以来，其种植面积和产量实现连续 11 年连增。2015 年之后，其种植总面积保持在 4.35 亿公顷左右，总产量保持在 2.6 亿吨左右。现阶段，我国玉米种植面积基本稳定，是世界第二大玉米生产国，无论是广阔的平原地区，还是地形复杂的丘陵和高原山区，都能够进行玉米种植。从分布和市场销售情况来看，玉米种植大多集中在北方地区，尤其是东北地区已成为我国最大的玉米生产地区，其种植面积可达总种植面积的 50% 以上。

1.2 玉米机械化现状

近年来，随着《中华人民共和国农业机械化促进法》的深入实施和国家农机购置补贴力度的不断加大，广大农民购置、使用玉米生产机械的积极性高涨，玉米生产机械化得到了长足发展。各种玉米生产机械化作业服务组织迅速发展，服务能力不断增强，玉米耕整地、种植和田间管理等环节机械化作业问题基本解决。目前，玉米生产机械化"瓶颈"主要在机收。一些玉米主产区加大了玉米机收发展力度，使其快速增长。2013 年，我国玉米联合收获机达 28.92 万台，完成机收面积 178.67 万公顷，全国玉米机收水平超过49%，进入快速发展通道。2015 年我国玉米联合收获机新增 6.33 万台，总保有量达到 42.21 万台，增幅达 17.8%。全国玉米机收作业面积达到 240.31万公顷，较上年增长 266.67 万公顷。全国玉米机收水平到达 63%，比去年新增 6 个多百分点。2016 年，虽然玉米收获机增速趋缓，但仍有 4 万多台，玉米机收水平达到 67%。2017 年我国玉米种植面积 354.67 万公顷，253.33 万公顷，机收水平近 72%。

玉米机收发展看，一是各地充分发挥农机购置补贴政策的扶持拉动作用，对农民购买玉米收获机械给予重点倾斜。2014 年中央财政用于补贴购置玉米收获机的资金 30.5 亿元，较去年同期增加 7 亿元，地方财政投入补贴购置玉米收获机的资金 7324 万元。辽宁等省对购买玉米收获机实行敞开补贴，应补尽补，优先满足农民购机需求。河北省今年 38.7% 的补贴资金用于了玉米收获机，新增机具连续 3 年超过 9000 台。二是在主产省创建 8 个玉米生产全程机械化示范县，探索适宜区域特点的全程机械化生产模式，推进玉米生产薄弱环节机械化发展。陕西省在四个县区实施了玉米全程机械化生产示范项目，示范县玉米机收水平最高达到 93%。在主产区建设玉米生产机械化试点和示范区，充分发挥了辐射带动作用。三是公共服务促进。一方面促进玉米跨地区机收，各地做好玉米跨区机收作业市场信息的收集和发布，促进了供需双方的有效衔接。各地组织农机专业合作社积极开展订单作业，提高了玉米机收的组织化程度，扩大了玉米机收市场规模。2017 年主产区共有超过 11.9 万台玉米收获机参加跨区机收作业，完成跨区作业面积近 633.33 万公顷约占机收总面积的 18%。玉米收获机平均单机作业面积达 57.34 公顷，机收平均价格 1200 元 / 公顷左右，单机平均净收益超过 4 万多元。另一方面，各地通过宣传报道、召开现场会、举办培训班、印发技术资料等形式，做好玉米收获机械化的宣传发动和技术培训，让广大农民群众看有典型、干有榜样、学有经验，引导玉米标准化生产、规模化种植，提高机手操作水平和维修能力。据不完全统计，各玉米主产区举办玉米机收宣传培训活动超过 4600 次，培训机手 18 万人次，发放宣传材料超过 136 万份，为机械化收获作业创造了良好的氛围和条件。

着力发展玉米产业生产全程机械化，不仅可以减轻农民的劳动强度，有效争抢农时，而且可以确保农艺措施到位，提高玉米产量，进而实现玉米生产节本增效。大力推进玉米产业生产全程机械化，对保障我国粮食安全，促进畜牧业和粮食加工业发展，实现农业增效和农民增收具有重要战略意义。加快落实玉米产业生产全程机械化，是提高玉米综合生产能力、保障粮食安全的迫切需要，是稳定玉米生产、增加农民收入的现实选择，是发展现代农业的必然要求。

第二节 玉米生产全程机械化技术方案

2.1 玉米生产全程机械化关键技术

玉米生产全程机械化技术是指玉米机械化耕整地技术、玉米机械化精量播种技术、玉米机械化田间管理技术、玉米机械化联合式收获技术（包括青饲料收获技术、茎穗兼收技术、摘穗收获技术和籽粒收获技术）、玉米机械化秸秆还田技术及玉米机械化烘干技术。

2.2 玉米生产全程机械化技术路线图

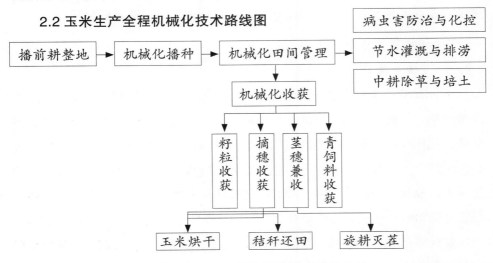

图 5-1 玉米生产全程机械化技术路线图

第三节　玉米生产全程机械化技术

3.1 玉米机械化耕整技术

玉米种植应选择土质肥沃，灌、排水良好的地块。地势平坦的种植区域可按照保护性耕作技术要点和操作规程实施免耕播种，或利用圆盘耙、旋耕机等机具实施浅耙或浅旋。适用深松技术的地方可采用深松技术，一般深松深度 25~28cm；山区丘陵地带的小型种植区域可使用微耕机耕整。

连续种植 3 年后，应进行机械化深翻，其优点是可改善土壤的理化性状，加厚活土层，提高土壤通透性和蓄水保墒能力及肥力，有利于根系生长，扩大养分、水分吸收范围；还可以将土壤上下层进行交换，可以使土壤微气候、深层养分以及下层的有效水分互相调节，互相补充；也可将藏于土壤中的害虫及病菌翻到地表使其受冻或受热而死，达到消除病虫草害的目的。

3.2 机械化播种技术

3.2.1 玉米播前准备

玉米种子的选择决定着玉米的品质与产量，是玉米种植之前的一个重要环节。第一，要选择本地区的玉米品种，注意要选用良种，尽可能选择具有抗病、抗倒、耐密及高产等特点的种子，并根据土壤的特点与种子的特性进行匹配。第二，品种确定好后，还要对种子进行精选、晒种，以提高种子的抗逆性，确保种子的发芽率。同时，还要对种子进行拌种与包衣处理，种子包衣是防治病害比较常用的措施之一。在处理种子包衣时，要合理选用药剂，通常使用多菌灵、戊唑醇、克百威等或者采用某种高效包衣剂。在对种子包衣时，要合理配制药剂，使其符合玉米抗病的实际需要，保证玉米健康生长。

3.2.2 玉米播种农艺

1. 播种时机。

玉米对外部环境的变化与刺激十分敏感，其播种的时机对玉米的产量也具有重要的影响，必须要正确把握播种的时间。如果播种的时间过早，一旦遇到低温就会对种子造成破坏，甚至会出现烂种的问题，进而出现缺苗、苗不齐的现象。如果播种时间太晚，就会使其生命周期缩短，不仅对玉米的质量造成严重的影响，而且也使其总产量降低。因此，必须根据气候条件，挑选合适的时间。当土层 5~10cm 处地温稳定在 8℃~10℃ 时即可播种。播种时，要使株距均匀，严实覆土。同时，要规避病害的高峰期，还可根据当前气候条件适当进行晚播，并视品种特性确定播种密度。玉米的栽培季节，以春玉米（1 月 25 日~2 月 10 日）产量最高；其次是秋种（8 月 25 日~9 月 10 日）；再次是冬种（10 月 20 日~1 月 10 日）；最后是夏种（4 月 25 日~5 月 10 日）。总之，玉米最佳播期的选择，要视玉米的用途与土地使用情况及茬口的安排来确定。

2. 播种要求。

玉米种植密度是影响产量的一个重要因素。通常在了解和分析土壤条件的基础上，对其密度进行设定，可有效提升玉米种植密度的合理性。大多数玉米种植株数为 52500~60000 株/公顷。如果是紧凑型的玉米，那么株数就会有所增加，一般可达到 72000~82500 株/公顷提升植株密度的科学性，主要是为了增加玉米的产量。玉米播种深度应按照墒情而定，墒情好可以浅播，墒情差可稍深播。玉米播种过程中要确保种子的种植深度适当，而且盖土的厚度也必须合适，不能过浅也不能太深，如果种植的深度在 4~5cm 之间，则 2~3cm 的盖土厚度即可，如果播种深度在 8~10cm 之间，其覆盖厚度也需要适当的调整，一般在 6~8cm 之间，这样种子才能健康生长。玉米种植的株距与行距要保持一致，给其留有足够的生长空间，确保植株之间的通风性良好。玉米行距的调节主要考虑当地种植规格和管理需要，还要考虑玉米联合式收获机的适应行距要求，如一般的悬挂式玉米联合收获机所要求的种植行距为 55~77cm（规范垄距 60~65cm 最佳）。玉米直播机直接播种，行距 60cm、株距 15.2~28.8cm，播种量为 1.5~2.5 kg / 公顷，深度 3~5cm，可保证苗齐、苗全，实现节本增效。在播种完毕后，要及时进行镇压的工作，这样不仅有利于避免土壤水分丢失，而且也能够促进种子快速发芽出苗。

3.2.3 玉米播种机具

玉米机械化播种机具按照应用场景的不同，可将其分为普通玉米穴播机、玉米精量播种机和深松免耕播种机。根据不同地区和不同种植模式的需求，选用不同形式的玉米播种。若玉米的前茬作物为小麦等不影响玉米播种和生长的作物时，推荐使用深松免耕播种机。深松免耕播种机可一次性完成土壤深松、开沟施肥、精量播种、覆土镇压、定量喷药等全部作业工序，减少了动力机具对土壤的碾压，提高了作业效率，抢占了农时，实现了节本增效。

图 5-2　玉米穴播机　　图 5-3　玉米精量播种机　　图 5-4　玉米深松免耕播种机

3.3 玉米机械化田间管理技术

3.3.1 病虫草害防治与化控技术

玉米病虫草机械化防控技术指通过风机产生的强力气流将药液喷洒于作用目标，实现病虫草害防治目的的技术。目前，植保机具种类较多，可根据情况选用背负式喷雾机、动力式喷雾机（喷杆式喷雾机和风送式喷雾机）、农用飞机或无人植保机。根据玉米不同的生长期，选择不同的植保机具进行植保，可实现更好的防治效果。如玉米植株较矮时，可使背负式机动喷雾机和喷杆式喷雾机进行作业；玉米植株较高时，阻碍植保机具行进，因此，可选用无人植保机进行植保。在玉米播种后芽前喷施乙草胺防治草害；对早播田块在苗期（五叶期左右）喷施久效磷等内吸剂防治灰飞虱、蚜虫，控制病毒病的危害；在玉米生长中后期施三唑酮、乐施本等农药，防治玉米大小斑病和玉米螟等病虫草害。

图 5-5　背负式喷雾机

图 5-6　机动式打药机

图 5-7　无人植保机

3.3.2 节水灌溉与排涝技术

在玉米生长周期内应浇水 2~3 次，根据玉米的不同种植模式，应选择不同的节水灌溉技术，若采用无垄播种方式，推荐使用滴管技术，中期灌溉可以通过滴灌带追加液态可溶肥和农药，进行病虫草害防治防治和化控；若采用有垄播种方式，优先使用滴管技术，也可使用大水漫灌方式，若使用大水漫灌方式浇水，应做到灌水不漫垄。

玉米生育期间干旱无雨，应及时灌溉；如雨水较多、田间积水，应及时排水防涝以免烂果，确保产量和质量。

图 5-8　垄间漫灌技术　　　　　图 5-9　滴灌技术

3.3.3 中耕施肥、除草技术

根据地表杂草及土壤墒情适时中耕，第一次中耕在玉米齐苗作物显行后进行，一般中耕 2 遍，主要目的是松土、保墒、除草、追肥、开沟、培土。第一遍中耕以不拉沟、不埋苗为宜，护苗带 10~12cm，为此，必须严格控制车速，一般为慢速。第二、第三遍中耕护苗带依次加宽，一般为 12~14cm，中耕深度依次加深。第一遍 12~14cm，第二遍 14~16cm，第三遍 16~18cm。中耕施肥可采用分层施肥技术，施肥 45~60 kg / 公顷，施肥深度一般在 10~25cm，种床和肥床最小水平垂直间距大于 5cm，播后盖严压实。中耕机具一般为微耕机或多行中耕机、中耕追肥机。

图 5-10　小型中耕施肥机　　　　图 5-11　多垄中耕除草、施肥机

3.4 玉米机械化收获技术

玉米机械化收获技术按照收获方式可分为青饲料联合收获机、玉米茎穗兼收联合收获机、玉米摘穗联合收获机和玉米籽粒直收联合收获机。

青饲料联合收获机是将玉米茎穗直接进行切碎、揉搓处理，然后进行抛撒收集，发酵之后，用作牛羊饲料。青饲料收获的时间，一般为玉米籽粒呈现半硬化状态时，玉米籽粒完全成熟前 3~10 天。

图 5-12　玉米青饲料联合收获机　　　　图 5-13　玉米茎穗兼收联合收获机

玉米茎穗兼收、玉米摘穗收获和玉米籽粒直收，应尽量在籽粒成熟后间隔 3~5 天再进行收获作业，可使玉米的籽粒更加饱满，果穗的含水率低，有利剥皮作业。收获前 10~15 天，应对玉米的倒伏程度、种植密度和行距、

图 5-14　玉米摘穗联合收获机　　　　图 5-15　玉米籽粒直收联合收获机

果穗的下垂度、最低结穗高度等情况，做好田间调查，并提前制定作业计划；提前 3~5 天，对田块中的沟渠、垄台予以平整，并将水井、电杆拉线等不明显障碍安装标志，以利安全作业；作业前应进行试收获，调整机具，达到农艺要求后，方可投入正式作业；作业前，适当调整摘棒辊（或搞穗板）间隙，以减少籽粒破碎；作业中，注意果穗升运过程中的流畅性，以免卡住、堵塞；随时观察果穗箱的充满程度，及时倾卸果穗，以免溢出或卸粮时发生卡堵现象。

3.5 玉米烘干技术

收获后的玉米要及时降水处理，采用自然晾晒与机械化烘干相结合的方式。采用果穗收获的，可集中进行通风晾晒、机械脱粒与机械烘干相结合的方式；采用籽粒收获的，宜采用机械烘干降水处理。

图 5-16　玉米烘干机

玉米烘干一般选用多级顺流高温烘干机，根据情况，也可选用混流、横流式烘干机，为提高烘干效率，大水分含量的玉米籽粒烘干不建议选择低温循环烘干机。

3.6 玉米秸秆机械化处理技术

玉米收获后的秸秆应粉碎混土还田、秸秆均匀覆盖或打捆离田处理。

秸秆粉碎还田时，玉米收获的同时将玉米秸秆粉碎，秸秆粉碎长度应小于 5cm，并均匀覆盖地表；留茬高度小于 5cm，以免还田刀具打土、损坏；如安装除茬机时，应确保除茬刀具的入土深度，保持除茬深浅一致，以保证作业质量。在秸秆覆盖后，趁秸秆青绿（最适宜含水量 30% 以上）施用秸秆腐熟剂，施用量 45~75kg/ 公顷。将腐熟剂和适量潮湿的细砂土混匀，再加 45~75kg/ 公顷尿素混拌后，均匀地撒在秸秆上或按还田秸秆量的 0.5%~1% 增施氮肥。玉米秸秆如需离田回收，宜使用打捆机进行打捆后机械运出。

图 5-17 秸秆还田机

图 5-18 旋耕机

第四节 小结

随着国家农机具购置补贴惠农政策的实施，极大地鼓舞了各地人民购买农机具的积极性，各地企业也纷纷投入到农业机械的研制和生产中，这使我国的农机装备水平和农业生产能力不断提升。但是，由于气候、地理环境和种植制度的差异，我国的玉米收获机械与国外发达国家相比，还是有较大差距。为提高我国玉米收获机械化的整体水平，维护玉米收获机械的健康、可持续发展，必须从以下几个方面入手。

（1）加强政府引导、扶持力度，充分利用国家农机具购置补贴惠农政策。我国玉米收获机械生产还处在发展阶段，还未形成完整的产业布局，许多产品还处在试验性生产阶段，导致玉米收获机整机的价格昂贵，多数自走式玉米联合收获机价格在 20 万~30 万元，一般农民难以承受。针对这种情况，应充分利用国家农机具购置补贴惠农政策，农民和农业生产经营组织可以向相关金融机构申请贷款。

（2）地域功能性玉米收获机应得到发展。在我国，不同地域种植玉米的农艺要求不同，种植目的也有所不同，因此需要有针对性地开发适合某一地域的玉米收获机。在东北，地域辽阔、地势平坦，玉米种植多以大型农场为主，种植制度为一年一季。收获时，玉米籽粒含水率较低，可以直接进行剥皮作业，有的甚至可以直接收获籽粒。在内蒙古，当地畜牧业的发展需要大量饲料，玉米收获时需要将秸秆回收青贮，应大力发展果穗秸秆进行高质量还田，以便后期土地的耕整作业。该区应该大力发展结构简单、可靠性高、收获工艺先进的玉米收获机械。

（3）加强技术培训力度和售后服务建设。目前，玉米收获机的专业性越来越高，对机具使用者和维修者的要求也越来越高，企业购机用户进行岗前培训，使农户对收获机的技术原理、机械构造、日常保养和故障维修等有所了解，避免在使用过程中因失误操作而造成机械故障。

（4）加快农机与农艺相结合的步伐。在我国，玉米的种植有平播、垄播、沟播、套播、点播等多种形式，同一台收获机很难适应如此复杂的耕种情况，限制了玉米收获机的推广应用。为提高玉米收获机械的生产力和适应性，促进农村经济更快更好发展，就必须走农机和农艺相结合的道路。只有二者相互结合，相互适应，充分发挥农艺的优质高产和农机的高效功能，才能有效地促进我国玉米收获机械的发展。

参考文献

[1] 中华人民共和国国家统计局 . 中国统计年鉴 [M]. 北京：中国统计出版社，2018.

[2] 钟鑫，蒋和平，张忠明 . 我国马铃薯主产区比较优势及发展趋势研究 [J]. 中国农业科技导报，2016，18（2）：1-85.

[3] 杨红光，刘志深，倪志伟，等 .2CM-4 型马铃薯播种机设计与试验 [J]. 青岛农业大学学报（自然科学版），2017，34（02）：137-140.

[4] 韩忠禄，付梅 . 贵州马铃薯机械化生产现状、技术探讨及机具维护建议 [J]. 耕作与栽培，2018（2）：42-44.

[5] 柯剑鸿，杨波华，焦大春，等 . 我国马铃薯机械化生产发展现状与对策 [J]. 南方农业，2017，11（19）：71-72.

[6] 武旭平 . 马铃薯高产栽培技术 [J]. 科技导报，2018，（B03）：1-3.

[7] 丛福滋 . 我国耕整地机械化技术研究 [J]. 农业科技与装备.2010（2）:12-14.

[8] 秦海生，丘峰 . 我国玉米生产机械化现状趋势与发展对策 [J]. 当代农机 . 2018（9），18-20.

[9] 潘思辰 . 小麦全程机械化生产技术及其效益分析 [J]. 农业科技与装备.2016（11），6-28.

附录一

农业部关于开展主要农作物生产全程机械化推进行动的意见

农机发〔2015〕1号

各省、自治区、直辖市及计划单列市农业、农机局（厅、委、办），新疆生产建设兵团农业局，黑龙江省农垦总局，广东省农垦总局：

为提高我国农业综合生产能力和市场竞争力，加快推进农业现代化进程，农业部决定在全国开展主要农作物生产全程机械化推进行动（以下简称"全程机械化推进行动"）。现就开展全程机械化推进行动提出以下意见。

一、充分认识开展全程机械化推进行动的重要意义

《农业机械化促进法》实施以来，在购机补贴等中央强农惠农富农政策的有力推动下，在广大农民对机械化作业的旺盛需求拉动下，我国农业机械化和农机工业持续快速发展，开创了全国农业机械化发展的"黄金十年"。但与现代农业发展的要求相比，我国农业机械化发展仍存在诸多"短板"，亟待解决。从作物上看，虽然小麦生产基本实现了耕种收机械化，但其他作物的综合机械化水平仍然偏低；从环节上看，虽然耕整地环节机械化水平较高，但部分作物的播种、植保、收获、烘干、秸秆处理等环节机械化水平仍然滞后；从区域上看，虽然东北、华北等地区装备水平和农机作业水平较高，但其他地区相对落后。当前，我国城镇化进程和农村劳动力转移步伐日益加快，农业资源偏紧和生态环境约束因素日益加剧，农产品的生产成本"地板"和市场价格"天花板"挤压矛盾日益凸显。加快推进主要农作物生产全程机械化，有利于充分发挥农业机械集成技术、节本增效、推动规模经营的重要作用，有利于提升农业生产效率、降低生产成本，有利于促进农业发展方式转变，破解我国农业生产面临的"谁来种地、怎么种地"的难题，不断提高农业的综合生产能力和市场竞争力。

二、总体思路、基本原则与发展目标

（一）总体思路

围绕转变农业发展方式的总要求，以提高主要农作物生产全程机械化水平为目标，以粮棉油糖主产区为重点区域，以耕整地、播种、植保、收获、烘干、秸秆处理为重点环节，以推广先进适用农机化技术及装备、培育壮大农机服务市场主体、探索全程机械化生产模式、改善农机化基础设施为重点内容，积极开展全程机械化示范区创建，努力构建上下联动、协调推进农业机械化的新机制，共同打造我国农业机械化发展的升级版。

（二）基本原则

坚持因地制宜、分类指导。根据不同地区的优势作物、经济条件、生产规模、机械化水平等因素，推动农机化技术集成，优选适宜的技术路线和装备，形成具有区域特色的全程机械化生产模式。

坚持统筹规划、梯度推进。优先推进主要粮食作物生产全程机械化，积极推进大宗经济作物主要环节生产机械化。围绕突破薄弱环节，突出工作重点，优先选择现代农业示范区、粮棉油糖生产大县和基础好的区域建设示范点，典型引路，由点及面，整乡整县，逐步推进。

坚持机艺融合、协同发展。以先进适用的农机装备为载体，以绿色增产的农艺技术为内容，结合采用信息化技术和开展农田基本建设等工程技术，加强农机、农艺等多部门的联合攻关、协同配合，推动农机农艺相融合、农机化与信息化技术相融合。

坚持政府引导、多方参与。以政府扶持为引导，以农机社会化服务组织、农业生产规模经营者为主体，广泛吸引农机生产企业和农业科研、推广和教育等部门参与，汇聚各方力量，增加资金投入，形成合力推进主要农作物生产全程机械化的良好格局。

（三）发展目标

到 2020 年，力争全国农作物耕种收综合机械化水平达到 68% 以上，其中三大粮食作物耕种收综合机械化水平均达到 80% 以上，机械化植保防治、机械化秸秆处理和机械化烘干处理水平有大幅度提升。在主要农作物的优势生产区域内，建设 500 个左右率先基本实现生产全程机械化的示范县；在有条件的省份整省推进，率先基本实现全省（自治区、直辖市）主要农作物生产全程机械化。

三、主要内容

定位九大作物种类：以水稻、玉米、小麦、马铃薯、棉花、油菜、花生、大豆、甘蔗等主要农作物为重点。

聚焦六个生产环节：以提高耕整地、种植、植保、收获、烘干、秸秆处理等主要环节机械化水平为重点。

明确两个主攻方向：一是提升主要粮食作物生产全程机械化水平，重点是巩固提高深松整地、精量播种、水稻机械化育（插）秧、玉米机收、马铃薯机收、大豆机收等环节机械化作业水平，解决高效植保、烘干、秸秆处理等薄弱环节的机械应用难题；二是突破主要经济作物生产全程机械化"瓶颈"，重点是示范推广棉花机采、油菜机播和机收、花生机播和机收、甘蔗机种和机收等关键环节的农机化技术。

探索一系列全程机械化生产模式：根据我国主要农作物的优势产区、种植模式和全程机械化特点，确立推进各个主要农作物生产全程机械化的主要内容，分作物、分区域建成一批率先基本实现生产全程机械化的示范区（县）。

四、重点工作

根据推进主要农作物生产全程机械化的发展目标和主要内容，要突出抓好以下四项重点工作。

（一）强化农机购置补贴等政策的导向作用，全面提升全程机械化生产的装备水平

中央财政农机购置补贴资金要重点向产粮大县、新型经营主体、粮棉油糖等主要农作物生产关键环节机具倾斜。积极推进农机新产品购置补贴试点，支持鼓励老旧农机报废更新，着力优化农机装备结构。探索北斗卫星精准定位、自动导航、物联网等现代信息技术在农机装备上的应用，进一步推动农机装备升级换代。积极推进农机工业实施《中国制造2025》，鼓励和引导农机制造企业、科研院所等加大农机装备研发创新力度，提高研发能力和制造水平。重点围绕主要作物全程机械化生产的薄弱环节，搭建农业、农机制造、科研等多部门合作的科技创新平台，合力攻关，突破全程机械化所需关键环节机具的瓶颈制约。加强在用农机具质量监督检查，推进农机产品质量性能提升。

（二）发展农机社会化服务，培育壮大全程机械化的生产主体

积极培育多元化的农机社会化服务组织、农业生产规模经营者等市场化生产主体，大力推进跨区作业、订单作业、托管服务、租赁经营等农机社会化服务，切实提高主要农作物生产的组织化程度。引导工商社会资本投向农机作业服务，推进农机作业服务市场化、专业化、规模化、产业化。深入开展全国农机专业合作社示范社创建活动，重点培育一批农机合作社示范社。加强农机教育培训和农机职业技能开发，大力培养一批农机作业能手和农机维修能手。

（三）创建农机化示范区（县），探索形成区域化的全程机械化生产模式

优化农机财政专项资金支出结构，加大主要农作物生产全程机械化的投入力度，积极开展全程机械化的试验示范，探索总结全程机械化的技术路径、技术模式、机具配套、操作规程及服务方式。充分发挥农机深松等作业补助政策的导向作用，加快先进适用农机化技术的推广。在农作物主产区建设 500 个全程机械化示范县（区、场），探索形成一系列分作物、分区域的机械化生产模式，建成一批全程机械化万公顷示范片。通过树立可复制、可推广的典型，以点带面，不断提高周边地区主要农作物生产全程机械化水平。

4.加强农机化基础建设，努力改善全程机械化的发展条件。

加强高标准农田建设，积极推动农田水利基础设施建设和土地整理，促进农村土地经营权有序流转，发展农业适度规模经营，为规模化的农机作业服务创造条件。加快推进机械化与信息化融合发展，建设和完善全国统一的农机作业动态信息监测与服务平台，及时采集和发布农机作业供需信息，培育和规范农机作业等服务市场。大力支持农机合作社、农机大户兴建农机具库棚，不断加强机耕道路和农机维修网点建设，推动解决农机"住房难、行路难、看病难"等问题。

五、保障措施

（一）强化组织领导

各地要把推进主要农作物生产全程机械化作为加快现代农业发展的一项重点工作来抓，积极争取各级政府的重视和支持，主动协调有关职能部门以及农业系统各相关单位，形成高效的工作推动机制。要搞好统筹规划，制定实施方案，明确发展目标，落实工作任务，构建上下联动、多方协作、合力推进的工作责任机制。要制定评价科学的工作考核机制，把推进全程机械化纳入本地农业现代化发展的重要考核内容。

（二）强化政策扶持

积极争取各级发改、财政等有关部门支持，有关农机购置补贴、农机作业补助、农业技术示范等项目资金应向推进行动的实施区域倾斜。要落实有关农机化发展的税费减免措施，强化对农机户、农机服务组织的金融支持和信贷服务，积极探索发展大型农机金融租赁服务。进一步加强农机试验鉴定、技术推广、安全监理、质量监督、教育培训、信息宣传等农机化公共服务能力建设，确保全程机械化推进行动顺利实施。

（三）强化技术支撑

农业部成立全程机械化推进行动专家指导组，按作物设立专业组，由农机化行业和农业产业技术体系的有关专家组成，开展决策咨询、技术指导、培训交流、验收考核等工作。各地要充分发挥各级农技、农机推广机构和生产企业、科研院校、农民专业合作社等社会组织的作用，分作物、分区域总结主要农作物全程机械化生产模式。

（四）强化绩效考核

建立完善主要农作物生产全程机械化评价体系，以县（区、场）为单位进行绩效考核。重点实施区域要落实责任，整合力量，创建一批基本实现主要农作物生产全程机械化示范县。对符合创建工作要求的单位和地区，由农业部分批予以公布。

（五）强化宣传引导

各地要及时总结推进工作中的好做法、好经验、好典型，通过组织召开现场观摩活动、开设网络宣传专栏等多种形式，集中发布推进主要农作物生产全程机械化的技术成果、工作进展等，加强交流和学习借鉴。充分利用广播、电视、报刊、网络等多种媒体，开展主题突出、形式多样的宣传报道，为全程机械化推进行动营造良好舆论氛围。

农业部

2015 年 8 月 11 日

附录二

马铃薯机械化生产技术指导意见

2012 年 6 月 26 日

农办机（2012）29 号发布

一、播前准备

（一）品种选择

我国马铃薯种植大致分为四个区域：北方一季作区、中原二季作区、南方冬作区、西南一二季混作区。北方一季作区为一年一熟制，是马铃薯的主要产区，面积和产量均占全国的 50% 以上；气候凉爽、日照充足、昼夜温差较大，适宜马铃薯生产；但降雨量不均，主要以雨养为主，有灌溉条件的可发展规模种植；宜选择抗干旱、熟期适宜的中晚熟马铃薯品种，根据市场需求适当搭配早熟品种。中原二季作区无霜期较长，栽培马铃薯分春秋二季，面积约占全国的 5%，宜选择早熟品种。南方冬作区面积占全国的 8%，属海洋性气候，夏长冬暖，四季不分明，日照短，宜选短日型或对光照不敏感的品种。西南一二季混作区面积占全国的 37%，马铃薯生育期较长，因立体气候明显，种植品种多种多样。

（二）种薯处理

播种前，应针对当地各种病虫害实际发生的程度，选择相应防治药剂进行拌种处理。在切割薯块时，切刀需用药液处理。为适应机械化作业，防止种薯块间黏结，需用草木灰或生石灰等拌种。

（三）播前整地

北方一季作区和中原二季作区提倡前茬秋收后、土壤冻结前做好播前准备，包括深松、灭茬、旋耕、耙地、施基肥等作业，有条件的地区应采用多功能联合作业机具进行作业。大力提倡和推广保护性耕作技术。深松作业的深度以打破犁底层为原则，一般为30~40cm；深松作业时间应根据当地降雨时空分布特点选择，以便更多地纳蓄自然降水；建议每隔2~4年进行一次。秸秆还田时，秸秆长度一般不宜超过10cm。当地表紧实或明草较旺时，可利用圆盘耙、旋耕机等机具实施浅耙或浅旋，表土处理不超过8cm。

南方冬作区因稻田地势低洼，土壤黏度大，应采取机械下管和机械筑埂等排灌措施。

西南一二季混作区在播前可进行机械旋耕作业，丘陵山地可采用小型微耕机具作业，平坝地区和缓坡耕地可采用中小型机具作业。对于黏重土壤，可根据需要实施深松作业，提高土壤的通透性。

二、播种

适时播种是保证出苗整齐度的重要措施。当地下10cm处地温稳定在8℃~12℃时，即可进行播种。合理的种植密度是提高单位面积产量的主要因素之一。各地应按照当地的马铃薯品种特性，选定合适的播量，保证公顷株数符合农艺要求。应尽量采用机械化精量播种技术，一次完成开沟、施肥、播种、覆土（镇压）等多项作业，在不同区域可选装覆膜、铺滴灌管和施药装置。作业要求应符合有关标准。种肥应施在种子下方或侧下方，与种子相隔5cm以上，肥条均匀连续。苗带直线性好，便于田间管理。

目前，北方一季作区、中原二季作区垄作种植行距大多采用40、50、70、75、80或90cm等行距，建议逐步向60、70、80和90cm行距种植方式发展。西南一二季混作区应通过农田的修整、地块合并等措施，为机械化作业提供基础条件。南方冬作区应推广适合机械化作业的高效栽培模式，促进机械化发展。

三、田间管理

（一）中耕施肥

在马铃薯出苗期中耕培土和花期施肥培土，应根据不同地区采用高地隙中耕施肥培土机具或轻小型田间管理机械，田间黏重土壤可采用动力式中耕培土机进行中耕追肥机械化作业。在砂性土壤垄作进行中耕培土施肥，可一次完成开沟、施肥、培土、拢形等工序。追肥机各排肥口施肥量应调整一致，依据种子施肥指导意见，结合各地目标产量确定合理用肥量。追肥机具应具有良好的行间通过性能，追肥作业应无明显伤根，伤苗率 <3%，追肥深度 6~10cm，追肥部位在植株行侧 10~20cm，肥带宽度 >3cm，无明显断条，施肥后覆盖严密。

（二）病虫草害防控

根据当地马铃薯病虫草害的发生规律，按植保要求选用药剂及用量，按照机械化高效植保技术操作规程进行防治作业。苗前喷施除草剂应在土壤湿度较大时进行，均匀喷洒，在地表形成一层药膜；苗后喷施除草剂在马铃薯 3~5 叶期进行，要求在行间近地面喷施，并在喷头处加防护罩以减少药剂漂移。马铃薯生育中后期病虫害防治，应采用高地隙喷药机械进行作业，要提高喷施药剂的对靶性和利用率，严防人畜中毒、生态污染和农产品农药残留超标。适时中耕培土，可减少田间杂草。

（三）节水灌溉

有条件的地区，可采用喷灌、膜下滴灌、垄作沟灌等高效节水灌溉技术和装备，按马铃薯需水、需肥规律，适时灌溉施肥，提倡应用一体化技术。

四、收获

根据地块大小和马铃薯品种，选择合适的打秧机和收获机。马铃薯收获机的选型应适合当地土壤类型、黏重程度和作业要求。在丘陵山区宜采用小型振动式马铃薯收获机，可防堵塞并降低石块导致的机械故障率，减小机组作业转弯半径。各地应根据马铃薯成熟度适时进行收获，机械化收获马铃薯应先除去茎叶和杂草，尽可能实现秸秆还田，提高作业效率，培肥地力。作业质量要求：马铃薯挖掘收获明薯率≥98%，埋薯率≤2%，损伤率≤1.5%；马铃薯打秧机应采用横轴立刀式，茎叶杂草去除率≥80%，切碎长度≤15cm，割茬高度≤15cm。

花生机械化生产技术指导意见

2013 年 9 月 6 日

农办机（2013）37 号发布

本指导意见针对我国花生主产区生产特点和自然条件制定，旨在促进农机与农艺融合，提高花生机械化生产的技术水平，推进花生标准化种植、轻简化作业、规模化生产，推动花生产业发展。

一、播前准备

（一）品种选择

根据当地生产和种源条件，选择结果集中、结果深度浅、适收期长、不易落果、荚果外形规则的优质、高产、抗逆性强，适合机械化生产的直立型抗倒伏品种。

（二）土壤条件与地块选择

土壤条件要求理化性状好、土质疏松、土层深厚。地块规整、地势平坦，集中连片，排灌条件良好，适宜机械化作业。

（三）土地耕整

春播花生在前茬作物收后，及时进行机械耕整地，耕翻深度一般在

22~25cm，要求深浅一致，无漏耕，覆盖严密。在冬耕基础上，播前精细整地，保证土壤表层疏松细碎，平整沉实，上虚下实，拣出大于5cm石块、残膜等杂物。夏播花生在前茬作物收获后，及时耕整地，达到土壤细碎、无根茬。

结合土地耕整，同时进行底肥施用和土壤处理。

（四）种子准备

种粒大小一致，种子纯度96%以上，种子净度99%以上，籽仁发芽率95%以上。播种前，按农艺要求选用适宜的种衣剂，对花生种子进行包衣（拌种）处理，处理后的种子，应保证排种通畅，必要时需进行机械化播种试验。

（五）地膜选择

选用宽度适宜、不破损、抗拉强度高的优质地膜，宽度以800~900mm、厚度不小于0.008mm为宜，要求断裂伸长率（纵／横）100%，伸展性好，以利于机械化覆膜及机械化回收。

二、播种

（一）播期选择

花生的播期要与当地自然条件、栽培制度和品种特性紧密结合，根据地温、墒情、种植品种、土壤条件及栽培方法等全面考虑，灵活掌握。播种前5天5cm日平均地温达15℃以上为适宜播期，播期选择注意收获期避开雨季。坚持足墒播种，播种时5~10cm土层土壤含水量不能低于15%，如果墒情不足，应提前浇水造墒。

（二）播种

1.播种深度。要根据墒情、土质、气温灵活掌握，一般机械播种以5cm左右为宜。沙壤土、墒情差的地块可适当深播，但不能深于7cm；土质黏重、墒情好的地块可适当浅播，但不能浅于3cm。

2.播种密度。花生机械播种为穴播，大花生每公顷8000~10000穴，小花生每公顷10000~12000穴为宜，每穴2粒。一般情况下，播种早、土壤肥力高、降雨多、地下水位高的地方，或播种中晚熟品种，播种密度要小；

播种晚、土壤瘠薄、中后期雨量少、气候干燥、无水利条件的地方，或播种早熟品种，播种密度宜大。

3. 播种要求。花生播种一般采用一垄双行（覆膜）播种和宽窄（大小）行平作播种。

（1）一垄双行垄距控制在 80~90cm，垄上小行距 28~33cm，垄高 10~12cm 之间，穴距 14~20cm。同一区域垄距、垄面宽、播种行距应尽可能规范一致。覆膜播种苗带覆土厚度应达到 4~5cm，利于花生幼苗自动破膜出土。

易涝地宜采用一垄双行（覆膜）高垄模式播种，垄高 15~20cm，以便机械化标准种植和配套收获。

（2）平作播种。等行平作模式应改为宽窄行平作播种，以便机械化收获。宽行距 45~55cm，窄行距 25~30cm。在播种机具的选择上，应尽量选择一次完成施肥、播种、镇压等多道工序的复式播种机。其中，夏播花生可采用全秸秆覆盖碎秸清秸花生免耕播种机进行播种。

（3）播种作业质量要求。机播要求双粒率在 75% 以上，穴粒合格率在 95% 以上，空穴率不大于 2%，破碎率小于 1.5%。所选膜宽应适合机宽要求。作业时尽量将膜拉直、拉紧，覆土应完全，并同时放下镇压轮进行镇压，使膜尽量贴紧地面。

三、田间管理

（一）中耕施肥

在始花期前完成中耕追肥作业。可选用带施肥装置的中耕机一次完成中耕除草、深施追肥和培土等工序。

（二）病虫害防治

根据植保部门的预测预报，选择适宜的药剂和施药时间。在植保机具选择上，可采用机动喷雾机、背负式喷雾喷粉机、电动喷雾机、农业航空植保等机具。机械化植保作业应符合喷雾机（器）作业质量、喷雾器安全施药技术规范等方面的要求。

（三）化控调节，防徒长倒伏

花生盛花到结荚期，株高超过 35cm，有徒长趋势的地块，须采用化学药剂进行控制，防止徒长倒伏。喷洒器械应选择液力雾化喷雾方式。如采用半喂入花生联合收获，还应确保花生秧蔓到收获期保持直立。

（四）排灌

花生生育期间干旱无雨，应及时灌溉；如雨水较多、田间积水，应及时排水防涝以免烂果，确保产量和质量。

四、收获

（一）收获期

一般当花生植株表现衰老，顶端停止生长，上部叶和茎秆变黄，大部分荚果果壳硬化，网纹清晰，种皮变薄，种仁呈现品种特征时即可收获。收获期要避开雨季。

（二）收获条件

土壤含水率在 10%~18%，手搓土壤较松散时，适合花生收获机械作业。土壤含水率过高，无法进行机械化收获；含水率过低且土壤板结时，可适度灌溉补墒，调节土壤含水率后机械化收获。

（三）收获方式选择

应根据当地土壤条件、经济条件和种植模式，选择适宜的机械化收获方式和相应的收获机械。

1. 分段式收获。提倡采用花生收获机挖掘、抖土和铺放，捡拾摘果机完成捡拾摘果清选，或人工捡拾、机械摘果清选。在丘陵坡地，可采用花生挖掘机起花生，人工捡拾，机械摘果清选。

花生收获机作业质量要求：总损失率 5% 以下，埋果率 2% 以下，挖掘深度合格率 98% 以上，破碎果率 1% 以下，含土率 2% 以下；无漏油污染，作业后地表较平整、无漏收、无机组对作物碾压、无荚果撒漏。

花生挖掘机作业质量要求：挖掘深度合格率 98% 以上，破碎果率 1% 以下，无漏油污染，作业后地表较平整、无漏收、无机组对作物碾压、无荚果撒漏。

2. 联合收获。采用联合收获机一次性完成花生挖掘、输送、清土、摘果、清选、集果作业。联合收获机的选择应与播种机匹配。

半喂入花生联合收获机作业质量要求：总损失率 3.5% 以下，破碎率 1% 以下，未摘净率 1% 以下，裂荚率 1.5% 以下，含杂率 3% 以下；无漏油污染，作业后地表较平整、无漏收、无机组对作物碾压、无荚果撒漏。

全喂入花生联合收获机作业质量要求：总损失率 5.5% 以下，破碎率 2% 以下，未摘净率 2% 以下，裂荚率 2.5% 以下，含杂率 5% 以下；无漏油污染，作业后地表较平整、无漏收、无机组对作物碾压、无荚果撒漏。

（四）秧蔓处理

半喂入联合收获机收获后的花生秧蔓，应规则铺放，便于机械化捡拾回收。全喂入联合收获机收获后的花生秧蔓，如做饲料使用，应规则铺放，便于机械化捡拾回收；如还田，应切碎均匀抛洒地表。

五、机械脱壳

机械脱壳时，应根据花生品种的大小，选择合适的凹版筛孔，合理调整脱粒滚筒与凹版筛的工作间隙，并注意避免喂入量过大，防止花生仁在机器内停留时间过长和挤压强度过大而导致破损。脱壳时花生果不能太湿或太干，太潮湿降低效率，太干则易破碎。冬季脱壳，花生果含水率低于 6% 时，应均匀喷洒温水，用塑料薄膜覆盖 10 小时左右，然后在阳光下晾晒 1 小时左右即可进行脱壳。其他季节用塑料薄膜覆盖 6 小时左右即可。机械脱壳要求脱净率达 98% 以上，破碎率不超过 5%，清洁度达 98% 以上，吹出损失率不超过 0.2%。

黄淮海地区冬小麦机械化生产技术指导意见

2013 年 5 月 29 日

农办机（2013）23 号发布

本技术指导意见适用于黄淮海地区冬小麦生产，也可供西北冬春麦区小麦生产参考。

在一定区域内，提倡标准化作业，小麦品种类型、耕作模式、种植规格、机具作业幅宽、作业机具的调试等应尽量规范一致，并考虑与其他作业环节及下茬作物匹配。

一、播前准备

（一）品种选择

按照当地农业部门的推荐，选择适宜的小麦主导品种，肥水条件良好的高产田，应选用丰产潜力大、抗倒伏性强的品种；旱薄地应选用抗旱耐瘠的品种；在土层较厚、肥力较高的旱肥地，则应种植抗旱耐肥的品种。

（二）种子处理

小麦种子质量应达到国家标准，其中纯度 ≥ 99%、净度 ≥ 98%、发芽率 ≥ 85%、水分 ≤ 13%。

播种前的种子药剂处理是防治地下害虫和预防小麦种传、土传病害以及苗期病虫害的主要措施。应根据当地病虫害发生情况选择高效安全的杀菌剂、杀虫剂，用包衣机、拌种机进行种子机械包衣或拌种，以确保种子处理和播种质量。

（三）整地

如预测播种时墒情不足，应提前灌水造墒。整地前，按农艺要求施用底肥。

1. 秸秆处理。前茬作物收获后,对田间剩余秸秆进行粉碎还田。要求粉碎后 85% 以上的秸秆长度 ≤ 10 cm,且抛撒均匀。

2. 旋耕整地。适宜作业的土壤含水率 15%~25%。旋耕深度要达到 12cm 以上,旋耕深浅一致,耕深稳定性 ≥ 85%,耕后地表平整度 ≤ 5%,碎土率 ≥ 50%。必要时镇压,为提高播种质量奠定基础。间隔 3~4 年深松 1 次,打破犁底层。深松整地深度一般为 35~40cm,稳定性 ≥ 80%,土壤膨松度 ≥ 40%。深松后应及时合墒。

3. 保护性耕作。实行保护性耕作的地块,如田间秸秆覆盖状况或地表平整度影响免耕播种作业质量,应进行秸秆匀撒处理或地表平整,保证播种质量。

4. 耕翻整地。适宜作业条件:土壤含水率 15%~s25%。

对上茬作物根茬较硬,没有实行保护性耕作的地区,小麦播种前需进行耕翻整地。耕翻整地属于重负荷作业,需用大中型拖拉机牵引,拖拉机功率应根据不同耕深、土壤比阻选配。整地质量要求:耕深 ≥ 20cm,深浅一致,无重耕或漏耕,耕深及耕宽变异系数 ≤ 10%。犁沟平直,沟底平整,垡块翻转良好、扣实,以掩埋杂草、肥料和残茬。耕翻后及时进行整地作业,要求土壤散碎良好,地表平整,满足播种要求。

二、播种

(一) 适期播种

一般冬性品种播种适期为日平均气温稳定在 16℃ ~18℃,半冬性品种为 14℃ ~16℃,春性品种为 12℃ ~14℃。具体确定冬小麦播种适期时,还要考虑麦田的土壤类型、土壤墒情和安全越冬情况等。旱地播种应掌握有墒不等时,时到不等墒的原则。

(二) 适量播种

根据品种分蘖成穗特性、播期和土壤肥力水平确定播种量。黄淮海中部、南部高产麦田或分蘖成穗率高的品种,播量一般控制在 6~8kg/ 公顷,基本苗控制在 12~15 万株 / 公顷;中产麦田或分蘖成穗率低的品种播量一般控制在 8~11kg/公顷，基本苗控制在 15~20 万株/公顷；黄淮海北部播量一般控制在 11~13kg/公顷，基本苗控制在 18~25 万株/公顷。晚播麦田适当增加播量，无水浇条件的旱地麦田播量 12~15kg/公顷，基本苗控制在 20~25 万株/公顷。

（三）提高播种质量

采用机械化精少量播种技术一次完成施肥、播种、镇压等复式作业。播种深度为 3~5cm，要求播量精确、下种均匀，无漏播，无重播，覆土均匀严密，播后镇压效果良好。实行保护性耕作的地块，播种时应保证种子与土壤接触良好。调整播量时，应考虑药剂拌种使种子重量增加的因素。

（四）播种机具选用

根据当地实际和农艺要求，选用带有镇压装置的精少量播种机具，一次性完成秸秆处理、播种、施肥、镇压等复式作业。其中，少免耕播种机应具有较强的秸秆防堵能力，施肥机构的排肥能力应达到 60 kg/公顷以上。

三、田间管理

（一）冬前管理

1. 查苗补苗。

出苗后及时查苗，发现漏播及时浸种催芽补种。

2. 苗期病虫草害防治。

根据病虫草害发生情况选用适合的药剂及用量，按照机械化高效植保技术操作规程进行防治作业。有条件的地区，可采用喷杆式喷雾机进行均匀喷洒，要做到不漏喷、不重喷、无滴漏，以防出现药害。

3. 适时浇越冬水。

当日平均气温稳定下降到 3℃~5℃时开始浇越冬水。一般每公顷灌水量为 40m^3 左右。有条件的地区，可采用低压喷灌、滴灌、微喷带等节水灌溉技术和装备。

（二）春季管理

1. 返青期镇压。

对麦苗过旺和秸秆还田量大的地块，应进行返青期镇压。可采用拖拉机牵引镇压器进行镇压，以沉实土壤，提温保墒。

2. 起身拔节期追肥浇水。

浇水时间应视苗情和墒情而定，正常情况下，三类苗宜在返青期浇水，二类苗宜在起身期浇水，一类苗宜在拔节期浇水。根据肥料运筹方式，结合浇水，同步施肥，可采用低压喷灌、微喷等节水灌溉技术。

3. 病虫害防治。

起身拔节期和抽穗期是病虫害防治的两个关键时期。各地应加强植保机械化作业指导与服务，根据植保部门的预测预报，选择适宜的药剂和施药时间；在植保机具选择上，可采用机动喷雾机、背负式喷雾喷粉机、电动喷雾机、农业航空植保等机具；机械化植保作业应符合喷雾机（器）作业质量、喷雾器安全施药技术规范等方面的要求。

4. 肥料运筹。

根据地力基础和产量目标确定肥料用量、时期及底追比例（见化肥使用参照表），提倡测土配方施肥和机械深施。磷、钾肥和有机肥全部底施。

化肥施用参照表计量单位：kg/ 公顷

产量目标	N	P_2O_5	K_2O	施用时期及比例
300~400	10~12	4~6	2~4	2/3 底施，1/3 在起身期追施
400~500	12~14	6~8	3~5	1/2 底施，1/2 在起身期或拔节期追施
500~600	14~16	7~9	5~7	1/3 底施，2/3 在拔节期或在拔节、抽穗期两次追施
600 以上	16~18	8~10	7~9	

免耕播种时种肥要选用氮、磷、钾有效含量 40% 以上的粒状复合肥或复混肥，施用量一般 40~50kg/ 公顷，肥料应施在种子正或侧下方 3~5cm 处，肥带宽度宜在 3cm 以上。追肥根据苗情长势而定。

四、收获

目前小麦联合收割机型号较多，各地可根据实际情况选用。为提高下茬作物的播种出苗质量，要求小麦联合收割机带有秸秆粉碎及抛洒装置，确保秸秆均匀分布地表。收获时间应掌握在蜡熟末期，同时做到割茬高度≤ 15cm，收割损失率≤ 2%。作业后，收割机应及时清仓，防止病虫害跨地区传播。

五、注意事项

作业前应检查机具技术状况，查看机具各装置是否连接牢固，转动部件是否灵活，传动部件是否可靠，润滑状况是否良好，悬挂升降装置是否灵敏可靠。播种机播种量及施肥量调整准确，各行均匀。植保机具作业后要妥善处理残留药液，彻底清洗施药器械，防止污染水源和农田。

玉米生产机械化技术指导意见

2011 年 11 月 9 日

农办机（2011）62 号发布

一、播前准备

（一）品种选择

东北与西北地区的春玉米为一年一熟制，秋季降温快，其中东北春玉米以雨养为主，西北地区光热资源丰富，干旱少雨，以灌溉为主。宜选择耐苗期低温、抗干旱、抗倒伏、熟期适宜、籽粒灌浆后期脱水快的中早熟耐密植玉米品种。黄淮海地区和西北一年两熟区主要以小麦、玉米轮作为主，考虑到为下茬冬小麦留足生育期，宜选择生育期较短、苞叶松散、抗虫、高抗倒伏的耐密植玉米品种。西南及南方玉米区以丘陵、山地为主，种植方式复杂多样，种植制度有一年一熟和一年多熟，间套作复种是玉米种植的主要特点，可根据不同地域的特点，选择相应的多抗、高产玉米品种。

（二）种子处理

精量播种地区，必须选用高质量的种子并进行精选处理，要求处理后的种子纯度达到96%以上，净度达98%以上，发芽率达95%以上。有条件的地区可进行等离子体或磁化处理。播种前，应针对当地各种病虫害实际发生的程度，选择相应防治药剂进行拌种或包衣处理。特别是玉米丝黑穗病、苗枯病等土传病害和地下害虫严重发生的地区，必须在播种前做好病虫害预防处理。

（三）播前整地

东北、西北地区提倡前茬秋收后、土壤冻结前做好播前准备，包括深松、灭茬、旋耕、耙地、施基肥等作业，有条件的地区应采用多功能联合作业机具进行作业，大力提倡和推广保护性耕作技术。深松作业的深度以打破犁底层为原则，一般为30~40cm；深松作业时间应根据当地降雨时空分布特点选择，以便更多地纳蓄自然降水；建议每隔2~4年进行一次。当地表紧实或明草较旺时，可利用圆盘耙、旋耕机等机具实施浅耙或浅旋，表土处理不超过8cm。实施保护性耕作的区域，应按照保护性耕作技术要点和操作规程进行作业。

黄淮海地区小麦收获时，采用带秸秆粉碎的联合收获机，留茬高度低于20cm，秸秆粉碎后均匀抛撒，然后直接免耕播种玉米，一般不需进行整地作业。

西南和南方玉米产区，在播前可进行旋耕作业。丘陵山地可采用小型微耕机具作业，平坝地区和缓坡耕地可采用中小型机具作业。对于黏重土壤，可根据需要实施深松作业。

二、播种

适时播种是保证出苗整齐度的重要措施，当地温在 8℃ ~12℃，土壤含水量 14% 左右时，即可进行播种。合理的种植密度是提高单位面积产量的主要因素之一，各地应按照当地的玉米品种特性，选定合适的播量，保证公顷株数符合农艺要求。应尽量采用机械化精量播种技术，作业要求是：单粒率 ≥ 85%，空穴率 < 5%，伤种率 ≤ 1.5%；播深或覆土深度一般为 4~5cm，误差不大于 1cm；株距合格率 ≥ 80%；种肥应施在种子下方或侧下方，与种子相隔 5cm 以上，且肥条均匀连续；苗带直线性好，种子左右偏差不大于 4cm，以便于田间管理。

东北地区垄作种植行距采用 60cm 或 65cm 等行距，并逐步向 60cm 等行距平作种植方式发展；黄淮海地区采用 60cm 等行距种植方式，前茬小麦种植时应考虑对应玉米种植行距的需求，尽量不采用套种方式；西部采用宽窄行覆膜种植的地区，也应尽量统一宽窄行距。西南和南方种植区，结合当地实际，合理确定相对稳定、适宜机械作业的种植行距和种植模式，选择与之配套的中小型精量播种机具进行播种。

三、田间管理

（一）中耕施肥

根据测土配方施肥技术成果，按各地目标产量、施肥方式及追肥用量，在玉米拔节或小喇叭口期，采用高地隙中耕施肥机具或轻小型田间管理机械，进行中耕追肥机械化作业，一次完成开沟、施肥、培土、镇压等工序。追肥机各排肥口施肥量应调整一致。追肥机具应具有良好的行间通过性能，追肥作业应无明显伤根，伤苗率 <3%，追肥深度 6~10cm，追肥部位在植株行侧 10~20cm，肥带宽度 >3cm，无明显断条，施肥后覆土严密。

（二）植保

根据当地玉米病虫草害的发生规律，按植保要求采取综合防治措施，合理选用药剂及用量，按照机械化高效植保技术操作规程进行防治作业。苗前喷施除草剂应在土壤湿度较大时进行，均匀喷洒，在地表形成一层药膜；苗后喷施除草剂在玉米 3~5 叶期进行，要求在行间近地面喷施，以减少药剂漂移。玉米生育中后期喷药防治病虫害时，应采用高地隙喷药机械进行机械化植保作业，有条件的地方要积极推广农业航化作业技术，要提高喷施药剂的精准性和利用率，严防人畜中毒、作物药害和农产品农药残留超标。

（三）节水灌溉

有条件的地区，应采用滴灌、喷灌等先进的节水灌溉技术和装备，按玉米需水要求进行节水灌溉。

四、收获

各地应根据玉米成熟度适时进行收获作业，根据地块大小和种植行距及作业要求选择合适的联合收获机、青贮饲料收获机型。玉米收获机行距应与玉米种植行距相适应，行距偏差不宜超过 5cm。使用机械化收获的玉米，植株倒伏率应 < 5%，否则会影响作业效率，加大收获损失。作业质量要求：玉米果穗收获，籽粒损失率 ≤ 2%，果穗损失率 ≤ 3%，籽粒破碎率 ≤ 1%，果穗含杂率 ≤ 5%，苞叶未剥净率 <15%；玉米脱粒联合收获，玉米籽粒含水率 ≤ 23%；玉米青贮收获，秸秆含水量 ≥ 65%，秸秆切碎长度 ≤ 3cm，切碎合格率 ≥ 85%，割茬高度 ≤ 15 cm，收割损失率 ≤ 5%。玉米秸秆还田按《秸秆还田机械化技术》要求执行。